Little
问东问西小百科

U0381172

怪怪动物

什么动物不喝水也能活？

总策划/邢 涛　主 编/龚 勋

重庆出版集团
重庆出版社
果壳文化传播公司

巧问妙答
在千奇百怪的问题中成长

好奇是成长的原动力

世界，对于孩子而言，总是那么新奇无比、变化多端。在成年人眼里再普通不过的事物，到了孩子们的眼里却总能幻化出新鲜的东西，吸引他们去刨根问底。可以说，处在童年时期的每一个孩子都是一个"问题"小孩，他们的小脑袋瓜里装满了千奇百怪的小问号。

什么动物不喝水也能活？南极和北极，哪边更冷？宇航员在太空怎么尿尿？妈妈，我可以站着睡觉吗？小孩为什么不能当总统？……有时，孩子们这些天马行空的"为什么"，还真令爸爸妈妈们头疼。各位爸爸妈妈，想解决这个难题吗？让《问东问西小百科》来帮你们的忙吧。

本丛书分为《怪怪动物》《怪怪自然》《怪怪科学》《怪怪人体》《怪怪生活》五册，精心收集了孩子们最感兴趣的话题。动物、自然、科学、人体、生活……只要孩子们能发现问题的地方，本丛书都能给予科学而翔实的解答！

让每位孩子都成为"万事通"

　　本丛书是一套真正能满足孩子们求知欲的亲子读物！书中语言浅显易懂、生动有趣，每个问题都配有大量精美的图片，在轻松愉快的氛围中为孩子们答疑解惑。同时，我们还设置了与主题紧密相关的"智慧小考官"栏目，以求进一步拓展孩子们的视野，为孩子们展示出一个精彩无限的世界。

　　好奇中产生知识，知识里萌发兴趣。孩子们那些看似天马行空、不着边际的疑问，实则蕴含着很多科学道理。希望这套书能向孩子们诠释出未知世界的美丽，引领他们一步步走进科学园地，在知识的海洋里尽情畅游！

目录 CONTENTS

目录 CONTENTS

什么动物长得像一只小拖鞋？

shén me dòng wù zhǎng de xiàng yì zhī xiǎo tuō xié

dòng wù shì jiè yǒu yì zhǒng yì tóu jiān yì tóu yuán de dòng wù tā kàn shang qu jiù
动物世界有一种一头尖、一头圆的动物，它看上去就

xiàng yì zhī dào fàng zhe de xiǎo tuō xié zhè me qí guài de dòng wù huì shì shén me ne
像一只倒放着的小拖鞋。这么奇怪的动物会是什么呢？

tā jiù shì cǎo lǚ chóng cǎo lǚ chóng shì yì zhǒng dī děng de yuán shēng dòng wù zhǐ yǒu yí
它就是草履虫。草履虫是一种低等的原生动物，只有一

gè xì bāo wǒ men yòng ròu yǎn kàn bu qīng tā de
个细胞，我们用肉眼看不清它的

yàng zi zhǐ yǒu zài xiǎn wēi jìng xià tā de
样子，只有在显微镜下它的

zhēn miàn mù cái huì xiǎn lù chu lai
真面目才会显露出来。

草履虫像一只倒放
着的小拖鞋。

显微镜下的草履虫

草履虫分裂

海绵为什么千姿百态?

小朋友见过海绵吗?它们的形状千姿百态:有的像气球,有的像扇子,有的像茶壶,有的像树枝……这是因为海绵的身体很柔软,会随着生长环境的不同而长成不同的形状。例如,靠近海岸处的海绵喜欢包在岩石上,所以就像薄薄的茄子皮;生长在风平浪静的海洋中的海绵,看起来像高高的烟囱。

海绵

海绵身体内部

海岸上的管状海绵

水母的触手有什么用?

在蔚蓝的海洋中,栖息着许多透明的水母,它们游动时向四周伸出长长的触手,看起来漂亮极了。其实,这些触手是水母的捕食工具和自卫武器,上面长着无数根小刺,刺上有毒液。和眼镜蛇的毒液一样,水母的毒液也可以伤害猎物。所以如果见到这些水母,我们可千万不要动手去摸,否则会被蜇伤。

晶莹剔透的深海水母

遇到漂亮的水母可不能动手去摸。

漂亮的水母

3 >

后面更精彩哟……

珊瑚礁是怎么形成的？
shān hú jiāo shì zěn me xíng chéng de

在美丽的海底世界，不可缺少的就是珊瑚礁，你知道珊瑚礁是怎么形成的吗？原来，海底生活着许许多多的珊瑚虫，其中有一种叫造礁珊瑚虫，它们成千上万地生活在一起，不断分泌出石灰质。造礁珊瑚虫死

鲜艳的树
枝珊瑚

好美的珊瑚啊！

美丽的珊瑚礁是
由造礁珊瑚虫的
遗体形成的。

4

棘穗软珊瑚

石质珊瑚

hòu tā men de yí gǔ yǔ shí huī zhì nián hé zài yì qǐ jīng guò yā shí fēng
后，它们的遗骨与石灰质黏合在一起，经过压实、风

huà jiù chéng wéi shān hú shān hú chóng yí dài dài bú duàn de shēng zhǎng fán yǎn zhěng gè shān
化就成为珊瑚。珊瑚虫一代代不断地生长繁衍，整个珊

hú jiù yì diǎn yì diǎn de màn màn zēng gāo hěn duō nián hòu shān hú yǔ hǎi yáng shēng wù
瑚就一点一点地慢慢增高。很多年后，珊瑚与海洋生物

suì xiè jié hé zài yì qǐ biàn xíng chéng le shān hú jiāo
碎屑结合在一起，便形成了珊瑚礁。

美丽的珊瑚为许多生物提供了庇护和食物。

智慧 小考官

造礁珊瑚虫为什么会分泌出石灰质？

造礁珊瑚虫是海洋中的一种腔肠动物，它在生长过程中会吸收海水中的钙和二氧化碳，经过化学作用后分泌出石灰质，形成坚硬的骨骼，作为保护自己的工具。

贝壳里是怎样 长出珍珠的?

bèi ké li shì zěn yàng zhǎng chū zhēn zhū de

晶莹闪亮的珍珠深受人们的喜爱,可是你知道吗?美丽的珍珠是沙粒或其他杂物形成的。当贝类动物在海床上进食时,外来的沙粒和其他

玉螺也是一种贝类。

细小的杂物有可能进入它们的壳中。这些杂质接触到贝类动物的外套肌膜时,会使外套肌膜受到刺激,并分泌出一种 珍珠质。珍珠质把

海洋世界真的很神奇!

美丽的扇贝

消化腺　心脏

胃

闭壳肌

肛门

虹管

外套肌膜

鳃

足　肠

贝类的内部结构示意图

这个大贝壳中可能有大号的珍珠呢!

智慧 小考官

珍珠和贝壳的构成
物质一样吗?

珍珠和贝壳的构成物质是一样的,主要都是由碳酸钙构成的。在不同的结晶条件下,碳酸钙会形成方解石、霰石等。珍珠是由霰石构成的,而贝壳是由方解石构成的,所以它们呈现出不同的形态。

zhè xiē wēi xiǎo de zá zhì céng céng
这 些 微 小 的 杂 质 层 层

bāo guǒ qǐ lai　jīng guò yí duàn shí
包 裹 起 来, 经 过 一 段 时

jiān hòu biàn xíng chéng le zhēn zhū
间 后 便 形 成 了 珍 珠。

xiàn zài rén gōng yǎng zhí zhēn zhū jiù
现 在 人 工 养 殖 珍 珠 就

shì gēn jù zhè ge yuán lǐ　bǎ yuán xíng zhū tián rù
是 根 据 这 个 原 理, 把 圆 形 珠 填 入

bèi lèi dòng wù de ké li　zhè yàng jīng guò hěn
贝 类 动 物 的 壳 里, 这 样 经 过 很

cháng yí duàn shí jiān hòu　xiǎo yuán zhū biàn huì chéng
长 一 段 时 间 后, 小 圆 珠 便 会 成

wéi dà zhēn zhū
为 大 珍 珠。

珍珠做的首饰

养珠人正在把
珠体塞入贝壳。

7 >

乌贼有哪些自卫方法？

乌贼的外形和生活在中生代海洋中的箭石很像。

乌贼也叫"墨斗鱼"，它的身体扁平柔软，头部两边长着突出的大眼睛，嘴的周围还有10条长触手。乌贼的自卫方法多极了！当敌人来袭时，乌贼就会舞动触手飞快地逃走。乌贼还经常用改变身体颜色的方法，使外表与周围环境的颜色相近，从而逃避敌人的侵袭。另外，乌贼的体内有一个墨囊，

释放墨汁的乌贼

大王乌贼是乌贼中移动速度最快的，所以它有"海中火箭"的称号。

mò náng li yǒu nóng hēi de mò zhī

墨囊里有浓黑的墨汁。

dāng yù dào qiáng dí lái bu jí liū

当遇到强敌来不及溜

diào shí wū zéi huì fàng chū mò zhī dàn zài dí rén hái mō bu qīng

掉时，乌贼会放出"墨汁弹"，在敌人还摸不清

zhuàng kuàng shí gǎn jǐn táo zhī yāo yāo

状 况时，赶紧逃之夭夭。

海洋中有好多"变色龙"。

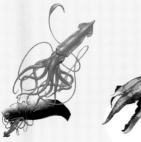

No.1
大王乌贼

No.2
吸血枪乌贼

No.3
荧光乌贼

乌贼的近亲章鱼也会通过改变身体的颜色，来保护自己。

智慧 小考官

乌贼为什么能改变身体的颜色？

乌贼之所以能改变身体的颜色，是因为它的背皮上聚集着数百万个含有红、黄、蓝、黑等不同颜色的色素细胞。在不同的环境中，乌贼能够通过调整"装"有色素细胞的色素囊的大小来改变体色，使敌人不容易发现自己。

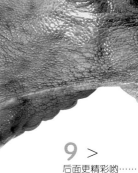

9 >

螃蟹为什么要横行？

如果你见过螃蟹走路，肯定会大吃一惊。咦！它怎么横着走啊？原来，螃蟹的内耳有一个定向小磁体，所以螃蟹可以依靠地磁场来判断方向。但不幸的是，在地球形成以后的漫长岁月中，地球的南北磁极曾经多次发生倒转，螃蟹体内的小磁体失去了原来

椰子蟹

在进入空海螺壳之前，寄居蟹要先量一下入口的大小。

No.1
珊瑚蟹

No.2
蜘蛛蟹

No.3
三疣梭子蟹

No.4
招潮蟹

de dìng xiàng zuò yòng　　yú shì　páng xiè gān cuì bù qián jìn　　yě bú hòu
的 定 向 作 用。于 是，螃 蟹 干 脆 不 前 进，也 不 后

tuì　ér shì héng zhe zǒu la　bìng qiě　páng xiè de tóu xiōng bù bǐ jiào
退，而 是 横 着 走 啦！并 且，螃 蟹 的 头 胸 部 比 较

kuān dà　bā zhī bù zú shēn zhǎn zài shēn tǐ liǎng cè　qián zú guān jié zhǐ néng
宽 大，八 只 步 足 伸 展 在 身 体 两 侧，前 足 关 节 只 能

xiàng xià wān qū　zhè xiē jié gòu tè zhēng yě jué dìng le páng xiè héng zhe zǒu
向 下 弯 曲，这 些 结 构 特 征 也 决 定 了 螃 蟹 横 着 走。

> 快来看呀，这儿有这么多的螃蟹！

> 螃蟹看起来真有点吓人呢！

智慧 小考官

所有的螃蟹都横行吗?

螃蟹大多数都是横行的，但是也有一些种类规规矩矩地前行走路。比如成群生活在沙滩上的长腕和尚蟹就是螃蟹家族中的异类。这种螃蟹的身体较窄，四对步足可以前伸，所以它们前进时就可以像其他大多数动物一样向前直行。

wèi shén me jiào zhī zhū bā guà jiāng jūn
为什么叫蜘蛛"八卦将军"?

正在织网的"八卦将军"

zhī zhū cháng bèi rén men jiào zuò bā guà jiāng jūn zhè shì
蜘蛛常被人们叫作"八卦将军",这是

yīn wèi zhī zhū suǒ biān zhī de wǎng de xíng zhuàng hěn xiàng zhōng guó gǔ
因为蜘蛛所编织的网的形状很像中国古

dài de bā guà tú zhī zhū bú huì bēn pǎo tiào yuè zhe qù bǔ zhuō
代的八卦图。蜘蛛不会奔跑跳跃着去捕捉

shí wù ér shì cóng fù bù tǔ sī zhī chéng gè zhǒng gè yàng de
食物，而是从腹部吐丝，织成各种各样的

wǎng rán hòu jiù dú zuò zài jūn zhàng biān děng zhe liè wù zì
网，然后就独坐在"军帐"边，等着猎物自

tóu luó wǎng bù tóng zhǒng lèi de zhī zhū
投罗网。不同种类的蜘蛛

huì gēn jù huán jìng de bù tóng biān zhī chū bù
会根据环境的不同编织出不

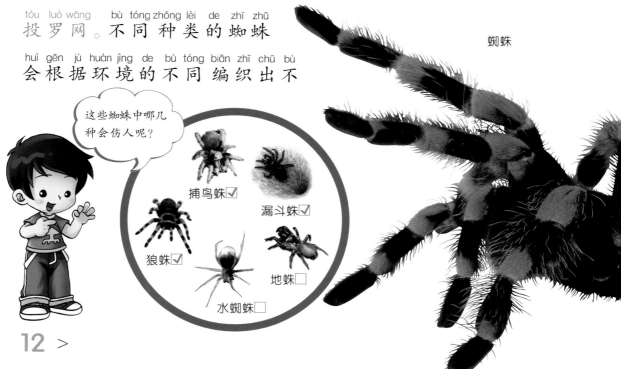

这些蜘蛛中哪几种会伤人呢？

捕鸟蛛 ☑

漏斗蛛 ☑

狼蛛 ☑

地蛛 ☐

水蜘蛛 ☐

蜘蛛

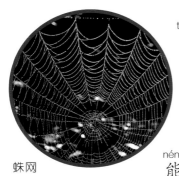

蛛网

同形状的蛛网。有的蛛网是圆形的，有的是三角形的，还有一些是漏斗状和渔网状的。有了这些网，蜘蛛们便能快速地捕捉到被网粘住的小虫，从而美餐一顿了。

智慧小考官

蜘蛛是怎样捕食的？

　　蜘蛛的视力非常弱，几乎看不到什么东西。不过它能够通过蛛网的振动，准确地判断出猎物的大小、位置和死活，然后迅速地爬过去，用蛛丝包裹猎物，固定于网上，再将其杀死，慢慢进食。

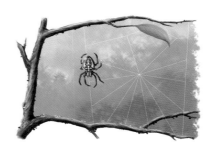

蜘蛛结网也有一套成熟的程序。

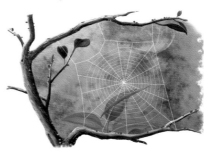

piáo chóng yǒu shén me bì dí gāo zhāo
瓢虫有什么避敌高招?

别看瓢虫体形较小,却有很多躲避、驱赶敌人的招数。当瓢虫遇到天敌或者受到外界的刺激时,会有一种奇怪的表现——"神经休克",也就是装死。此时,瓢虫就像完全失去知觉的死虫子一样,

有些瓢虫对人类是有害的。

面对敌人时,瓢虫有自己的高招。

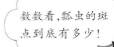

鸟类是瓢虫的天敌。

yí dòng yě bú dòng　guò yí huìr　dāng shén jīng xì tǒng huī
一动也不动。过一会儿，当神经系统恢

fù zhèng cháng hòu　piáo chóng jiù huì qīng xǐng guo lai　zhè shí
复正常后，瓢虫就会清醒过来，这时

dí rén yě zǎo yǐ lí kāi le　piáo chóng de dì èr gè gāo
敌人也早已离开了。瓢虫的第二个高

zhāo jiù shì shì fàng nán wén de yè tǐ　zhè zhǒng yè tǐ de wèi dào yòu
招就是释放难闻的液体，这种液体的味道又

chòu yòu là　lìng dí rén hěn bù shū fu　jiù lián nà xiē ài zhuó shí kūn chóng de
臭又辣，令敌人很不舒服。就连那些爱啄食昆虫的

niǎo lèi　wén dào yǐ hòu yě yào tuì bì sān shè
鸟类，闻到以后也要退避三舍。

数数看，瓢虫的斑点到底有多少！

瓢虫背上斑点的多少因种类而异。

有些瓢虫专吃害虫。

智慧小考官

瓢虫的背上有多少斑点？

瓢虫背上的斑点有多有少，有些瓢虫有2个斑点，有些有9个，有些有12个，最多的有28个，有些则一个也没有。其中最漂亮也最为大家所熟知的是七星瓢虫。

后面更精彩哟……

蝉为什么要不停地唱歌?

每当夏日来临，我们都会听到蝉的嘹亮歌声。并且，天气越闷热，蝉的叫声就越欢快，持续时间也越长。蝉为什么爱唱歌呢？原来，唱歌的都是雄蝉，它们要靠歌声来吸引雌蝉，以便进行交配，然后生出蝉宝宝，完成传宗接代的任务。所以，一到繁

蝉宝宝是在地下生活的。

蝉蜕皮后，才能飞到树上生活。

蝉有一套完美的奏乐装备。

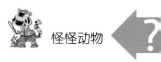

zhí jì jié xióng chán jiù huì cóng qīng chén dào bàng wǎn
殖季节，雄蝉就会从清晨到傍晚

jiào gè bù tíng hǎo xiàng zài yǎn zòu hūn lǐ jìn xíng qǔ
叫个不停，好像在演奏"婚礼进行曲"。

bú guò xióng chán zài hé cí chán jiāo pèi chǎn luǎn
不过，雄蝉在和雌蝉交配、产卵

zhī hòu hěn kuài jiù huì sǐ qù yīn cǐ tā men
之后，很快就会死去，因此，它们

yě bèi chēng wéi duǎn mìng de gē shǒu
也被称为"短命的歌手"。

角蝉

蜡蝉

大家说，我和蝉谁唱得更好啊？

智慧 小考官
蝉是怎样发声的？

你知道吗？蝉可不是用嘴发出声音的。在雄蝉的腹部两侧，各有一片富有弹性的鼓膜。蝉通过肌肉的扯动来使鼓膜颤动，从而发出声音。鼓膜的中间有一个空腔，相当于共鸣器，可以把声音放大。

蝉会在夏天的树林里集体歌唱。

后面更精彩哟……

蟋蟀是怎么唱歌的？
xī shuài shì zěn me chàng gē de

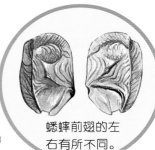

蟋蟀前翅的左右有所不同。

夏天，蝉喜欢在树上歌唱，而蟋蟀则爱在角落里低吟。蟋蟀的口腔里没有声带，也没有喉咙，它是怎样发出声音的呢？在显微镜下，人们可以清楚地看到：雄蟋蟀的前翅上有旋涡纹状的翅膜，一边翅膀上长着锉刀状的翅膜——弦器，另一边翅膀上长着较硬的翅膜——弹器。

在有些地方，蟋蟀也被称为蛐蛐。

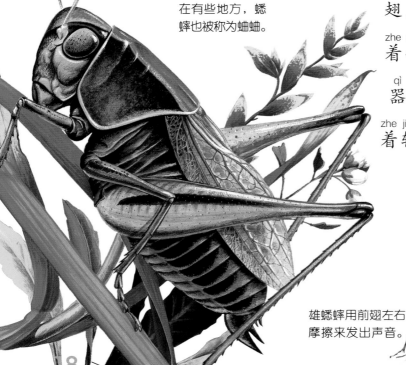

原来，蟋蟀是这样唱歌的！

雄蟋蟀用前翅左右摩擦来发出声音。

dāng xióng xī shuài yòng liǎng biān chì bǎng hù xiāng mó cā shí jiù huì fā chū shēng yīn

当 雄 蟋 蟀 用 两 边 翅 膀 互 相 摩 擦 时 ，就 会 发 出 声 音 。

xī shuài de fā shēng pín lù yóu chì bǎng de dà xiǎo hé zhòng liàng jué dìng xī shuài néng

蟋 蟀 的 发 声 频 率 由 翅 膀 的 大 小 和 重 量 决 定 ，蟋 蟀 能

biàn huà shēng yīn de qiáng ruò suǒ yǐ tā de gē shēng tīng qǐ lai hěn

变 化 声 音 的 强 弱 ，所 以 它 的 歌 声 听 起 来 很

yuè ěr

悦 耳 。

不是所有的蟋蟀都有发音器官。

蟋蟀善于跳跃。

雌蟋蟀不会唱歌，因为它的翅膀没有发音功能。

沙漠蟋蟀　　　黑蟋蟀

智慧 小考官

蟋蟀都有发音器官吗？

虽然大部分蟋蟀可通过翅膀上的发音器官发出声音，但也有几种蟋蟀不具有这种发音器官。这些不具有发音器官的蟋蟀会振动身躯，靠着身体部分的振动来传递声波，从而达到和其他蟋蟀交流的目的。

屎壳郎为什么要推粪球?

屎壳郎的学名叫蜣螂,它的身体短圆发黑,上面有个突起的像钉耙似的挖掘工具;前足强大,像球拍;中足和后足生有钩刺。屎壳郎经常会推着粪球前进,这是在为它们的宝宝准备食物呢!屎壳郎的幼虫必须要吃粪球才能长大,所以成年的雌屎壳郎发现垃圾污物,特别是人畜的粪便

屎壳郎把自己的卵产在粪球里。

两只屎壳郎为了抢夺粪球,不惜动用武力。

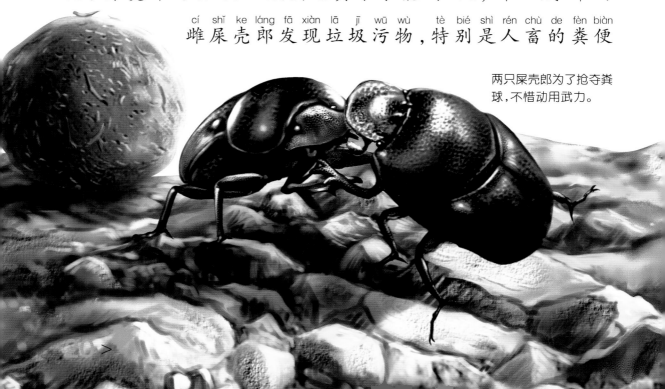

hòu biàn huì bǎ luǎn chǎn zài lǐ miàn rán hòu zài tuī
后，便会把卵产在里面，然后再推

chéng yí gè yuán yuán de fèn qiú mái dào ān quán de
成一个圆圆的粪球，埋到安全的

dì fang zhè yàng shǐ ke láng de bǎo bao jiù
地方。这样，屎壳郎的宝宝就

huì zài lǐ miàn chéng zhǎng shǐ ke láng fù chū
会在里面成长。屎壳郎付出

de láo dòng yuè duō tā wèi bǎo
的劳动越多，它为宝

bao tuī de fèn qiú jiù yuè dà
宝推的粪球就越大。

小屎壳郎破土而出了。

屎壳郎大多以动物粪便为食，
所以有"自然界清道夫"的称号。

一只屎壳郎正在使劲地推一个大粪球。

哇！屎壳郎的力气还挺大的。

智慧 小考官

屎壳郎是怎样推粪球的?

屎壳郎推粪球可是要费一番功夫的。它们用后足钩住粪球，臀部高高翘起，头部朝下，前足撑住地面，将粪球慢慢向后推，直至放入已经挖好的土穴中，再用废物堵住出口才算完事。

蜜蜂为什么喜欢跳舞？

蜂巢由工蜂腹部的蜡腺分泌的蜡筑成。

正在采蜜的蜜蜂

春天到了，百花盛开，辛勤的蜜蜂们又开始奔波忙碌了。负责寻找蜜源的"侦察小分队"为了寻找到更多更好的花蜜，可以飞到几千米远的地方。它们找到蜜源后马上飞回蜂巢，等见到其他的同伴就跳起舞来。其实，这是它

蜜蜂可以传播花粉。

22 >

men zài gào su huǒ bàn men mì yuán zài nǎ lǐ rú guǒ tā men tiào qǐ yuán xíng wǔ jiù
们在告诉伙伴们蜜源在哪里。如果它们跳起圆形舞，就

shì gào su tóng bàn mì yuán lí jiā hěn jìn rú guǒ tiào zì wǔ jiù biǎo shì mì
是告诉同伴蜜源离家很近；如果跳"8"字舞，就表示蜜

yuán zài lí jiā hěn yuǎn de dì fang qí tā de gōng fēng kàn dào huǒ bàn
源在离家很远的地方。其他的工蜂看到伙伴

de wǔ zī jiù kě yǐ chéng qún jié duì de fēi dào nà lǐ qù
的舞姿，就可以成群结队地飞到那里去

cǎi qǔ huā mì le
采取花蜜了。

蜜蜂

蜜蜂通过跳舞来告诉同伴蜜源的位置。

智慧 小考官

蜜蜂是怎样采蜜的？

　　蜜蜂采蜜时会停在花朵的中央，伸出像管子一样的舌头，随着舌头一伸一缩，花蜜就会被舌头上的"蜜匙"吸入，然后顺着舌头流入胃里的蜜囊。它们直到把蜜囊装满才会收工。

蜜蜂在收集花粉时，其后足会变成"花粉篮"。

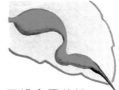

工蜂会用螫针来保护自己。

23 >

蝴蝶与毛毛虫有什么关系?

蝴蝶是最美丽的昆虫之一，它们种类繁多，形态各异，在花园里翩翩起舞时，真是美极了。可是你知道吗？

蝴蝶并不是生下来就这样漂亮的，小时候，蝴蝶可是样子丑丑的毛毛虫。蝴蝶从小到大要经历四个阶段：先是一枚小小的卵；后来，卵孵化

漂亮的蝴蝶

蝴蝶

样子可怕的毛毛虫以后会变成美丽的蝴蝶。

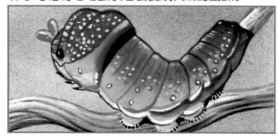

chéng máo mao chóng yí duàn shí jiān guò hòu máo mao chóng huì biàn chéng yǒng
成 毛 毛 虫；一 段 时 间 过 后，毛 毛 虫 会 变 成 蛹；

zuì hòu cóng yǒng li fēi chu lai de cái shì piào liang de hú dié cóng
最 后 从 蛹 里 飞 出 来 的 才 是 漂 亮 的 蝴 蝶。从

máo mao chóng dào hú dié jiù xiàng shì chǒu xiǎo yā biàn chéng le měi lì de
毛 毛 虫 到 蝴 蝶，就 像 是 丑 小 鸭 变 成 了 美 丽 的

bái tiān é
白 天 鹅！

智慧 小考官

蝴蝶对人类有益还是有害?

　　这个问题还真不好回答。因为我们平时见到的蝴蝶能通过飞行传播花粉，对植物的生长繁殖有帮助，所以是益虫；可是，它们的幼虫——毛毛虫，却以幼嫩的植物叶片、茎干为食，会对许多农作物造成严重的危害，所以又是害虫。

蝴蝶真神奇，我要捕一只研究一下。

蝴蝶从蛹里挣脱出来。

蝴蝶的发育过程

竹节虫为什么是伪装大师?
zhú jié chóng wèi shén me shì wěi zhuāng dà shī

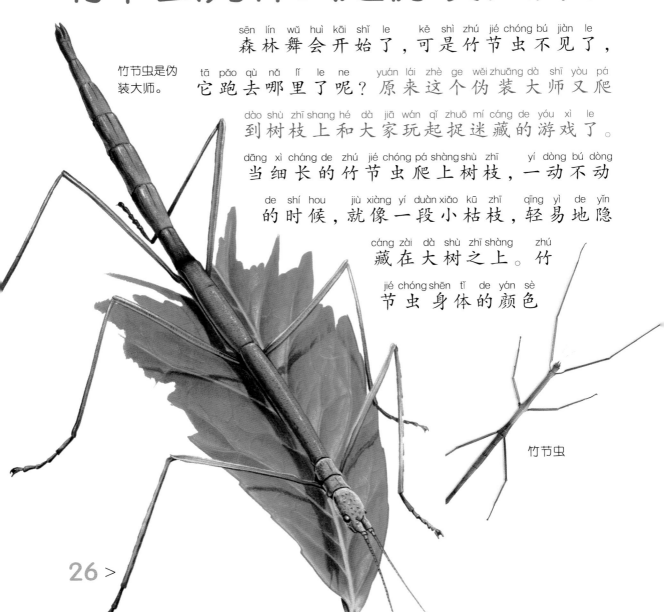

竹节虫是伪装大师。

sēn lín wǔ huì kāi shǐ le
森林舞会开始了，

kě shì zhú jié chóng bú jiàn le
可是竹节虫不见了，

tā pǎo qù nǎ lǐ le ne
它跑去哪里了呢？

yuán lái zhè ge wěi zhuāng dà shī yòu pá
原来这个伪装大师又爬

dào shù zhī shang hé dà jiā wán qǐ zhuō mí cáng de yóu xì le
到树枝上和大家玩起捉迷藏的游戏了。

dāng xì cháng de zhú jié chóng pá shàng shù zhī yí dòng bú dòng
当细长的竹节虫爬上树枝，一动不动

de shí hou jiù xiàng yí duàn xiǎo kū zhī qīng yì de yǐn
的时候，就像一段小枯枝，轻易地隐

cáng zài dà shù zhī shàng zhú
藏在大树之上。竹

jié chóng shēn tǐ de yán sè
节虫身体的颜色

竹节虫

hái huì suí zhe zhōu wéi de huán jìng fā shēng biàn
还会随着周围的环境发生变

huà zhè yàng yì lái tā de cáng shēn běn lǐng jiù
化，这样一来，它的藏身本领就

gèng jiā gāo chāo le yǒu xiē zhú jié
更加高超了。有些竹节

chóng hái zhǎng zhe kě yǐ fǎn guāng de yàn lì chì bǎng zài tā shòu dào
虫还长着可以反光的艳丽翅膀，在它受到

gōng jī táo pǎo shí chì bǎng shang shǎn shǎn fā liàng de cǎi guāng néng mí huò zhù dí
攻击逃跑时，翅膀上闪闪发亮的彩光能迷惑住敌

rén de yǎn jing dí rén hái méi fǎn yìng
人的眼睛，敌人还没反应

guo lai fā shēng le shén me tā jiù
过来发生了什么，它就

yǐ jīng táo zhī yāo yāo le
已经逃之夭夭了。

竹节虫隐藏在
树枝上。

竹节虫长得像
一段枯枝。

竹节虫还可以
改变体色。

哇！原来竹节
虫这么长啊！

智慧 小考官

竹节虫是世界上最长的昆虫吗？

竹节虫一般长度为 10～20 厘米，最长的可达 33 厘米，是世界上最长的昆虫。不仅如此，竹节虫的躯干是狭长形的，这使它看起来更加长了。

蜻蜓为什么要点水？
qīng tíng wèi shén me yào diǎn shuǐ

蜻蜓虽然是生活在陆地上
qīng tíng suī rán shì shēng huó zài lù dì shang

的昆虫，但它们的幼虫却要在水里生活。
de kūn chóng dàn tā men de yòu chóng què yào zài shuǐ li shēng huó

夏天的时候，我们经常会看到蜻蜓在水面
xià tiān de shí hou wǒ men jīng cháng huì kàn dào qīng tíng zài shuǐ miàn

上一点一点的，这就是它们在把卵排到水
shang yì diǎn yì diǎn de zhè jiù shì tā men zài bǎ luǎn pái dào shuǐ

中。卵到了水中后，会附着在水草上，不
zhōng luǎn dào le shuǐ zhōng hòu huì fù zhuó zài shuǐ cǎo shang bù

久便孵出幼虫。幼虫在水中生活一段时
jiǔ biàn fū chū yòu chóng yòu chóng zài shuǐ zhōng shēng huó yí duàn shí

间后，就会变成展翅飞翔的蜻蜓了。
jiān hòu jiù huì biàn chéng zhǎn chì fēi xiáng de qīng tíng le

蜻蜓

有的蜻蜓可以直接把卵产在水草上。

远古时期的巨型蜻蜓

小海马是爸爸生的吗?
xiǎo hǎi mǎ shì bà ba shēng de ma

你相信吗? 小海马是爸爸生
nǐ xiāng xìn ma　　xiǎo hǎi mǎ shì bà ba shēng

出来的! 海马爸爸的肚子上有
chu lai de　　hǎi mǎ bà ba de dù zi shang yǒu

一个育儿袋。到了繁殖季节,海马妈妈会把卵
yí gè yù ér dài　　dào le fán zhí jì jié　　hǎi mǎ mā ma huì bǎ luǎn

产在这个育儿袋里,而把卵孕育成小海马的艰巨
chǎn zài zhè ge yù ér dài li　　ér bǎ luǎn yùn yù chéng xiǎo hǎi mǎ de jiān jù

任务就得由海马爸爸来完成了。等小海马要出生
rèn wu jiù děi yóu hǎi mǎ bà ba lái wán chéng le　　děng xiǎo hǎi mǎ yào chū shēng

的时候,海马爸爸会用尾巴钩住海草,来回伸缩身
de shí hou　　hǎi mǎ bà ba huì yòng wěi ba gōu zhù hǎi cǎo　　lái huí shēn suō shēn

体。这样育儿袋就会开一个小口,小海马们便从这个小
tǐ　　zhè yàng yù ér dài jiù huì kāi yí gè xiǎo kǒu　　xiǎo hǎi mǎ men biàn cóng zhè ge xiǎo

口一个接一个地蹦出来了!
kǒu yí gè jiē yí gè de bèng chu lai le

海马

太神奇了,海马爸爸会生宝宝!

正在生小海马的海马爸爸

鱼也会飞吗？
yú yě huì fēi ma

鸟儿在天空飞呀飞，鱼儿在水
里游哇游，这样的画面恐怕人人都看到过。

可是有一种鱼却和鸟儿一样长了"翅膀"，并且还能低空
飞行。它们就是飞鱼。飞鱼一般只能飞5~6米高，100米

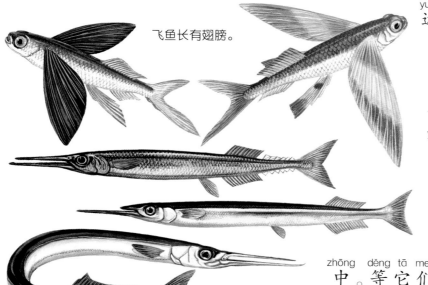

飞鱼长有翅膀。

远。而且它们要想
飞起来，必须先用
尾鳍使劲拍水游
泳，然后借助高速
游泳的惯性，破
水而出，冲向空
中。等它们冲出水面以后，
就可以打开又长又亮的胸鳍和腹

qí kuài sù huá xiáng le yí
鳍快速滑翔了。遗
hàn de shì tā men de chì
憾的是，它们的"翅
bǎng bìng bù néng shān dòng zhǐ
膀"并不能扇动，只
néng kào wěi qí de tuī lì
能靠尾鳍的推力
qián jìn bú guò zuò yì zhī
前进。不过，做一只
kě yǐ zài kōng zhōng huá xiáng yí
可以在空中滑翔一
huìr de yú yǐ jīng hěn xìng
会儿的鱼已经很幸
fú la
福啦。

飞鱼在海面滑翔。

飞鱼的飞行过程

智慧 小考官

飞鱼的"翅膀"和鸟儿的
翅膀一样吗?

飞鱼的"翅膀"其实是它发
达的胸鳍和腹鳍，只不过胸鳍和
腹鳍伸展开时，看起来很像翅膀，
这跟鸟类的翅膀有本质的区别。

为什么比目鱼的眼睛长在同一侧呢?

比目鱼的发育

水族馆里有各种各样漂亮的鱼,它们的眼睛都对称地长在头部两侧,可是,鱼类家族有一种长相非常奇特的动物,它的眼睛长在同一侧,人们把它称

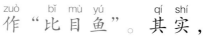

作"比目鱼"。其实,刚孵化出来的

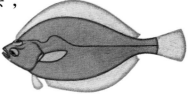

小比目鱼和其他鱼类一样,眼睛也长在头部两侧。但是,大约二十天后,小比目鱼的身体发育开始不平衡,这时,它

长在同侧的眼睛

jiù bù néng xiàng qí tā yú yí yàng yóu yǒng le
就不能像其他鱼一样游泳了，

ér zhǐ néng héng wò zài shuǐ dǐ wèi le shǐ
而只能横卧在水底。为了使

tiē zài hé dǐ nà biān de yǎn jing yǒu gèng dà
贴在河底那边的眼睛有更大

de yòng chù yǎn jing xià miàn de nà tiáo ruǎn dài
的用处，眼睛下面的那条软带

biàn bú duàn zēng zhǎng shǐ zhè zhī yǎn jing xiàng shàng
便不断增长，使这只眼睛向上

yí dòng zuì zhōng yǔ lìng yì zhī yǎn jing bìng liè zhǎng
移动，最终与另一只眼睛并列长

zài yí cè
在一侧。

比目鱼的眼睛是慢慢移到
同一侧的。

比目鱼横卧在水底。

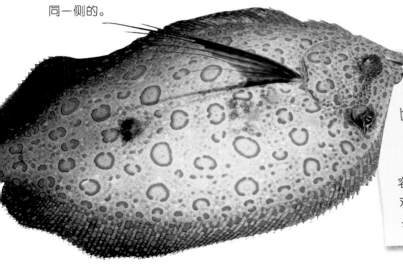

智慧 小考官

比目鱼的眼睛为什么能"搬家"？

由于比目鱼的头骨是软骨，容易受到肌肉的牵引，所以不会对眼睛的移动造成阻碍，相反，头骨会随着眼睛搬家而变弯曲。

弹涂鱼为什么会爬树？

你知道吗，鱼儿并不全是只会在水里游的，鱼类中有一位本领奇特的成员，它就是会爬树的弹涂鱼。弹涂鱼也叫跳跳鱼、泥猴。它不仅可以在沙滩上漫步，还能上斜坡，甚至爬到树上去。

弹涂鱼怎么会有如此大的本领呢？原来，弹涂鱼虽然身长不过十几厘米，但

奇特的弹涂鱼

弹涂鱼可是会爬树的哦。

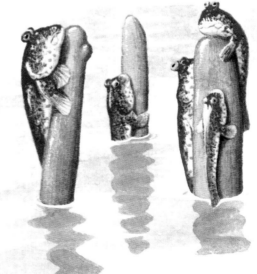

tā yǒu zhe tè bié fā dá
它有着特别发达

de xiōng qí ér qiě xiōng
的胸鳍，而且胸

qí lǐ miàn de jī ròu cū
鳍里面的肌肉粗

zhuàng yǒu lì jiù fǎng fú liǎng zhī néng
壮有力，就仿佛两只能

gòu shēn suō zì rú de qiáng jiàn shǒu bì yǒu le zhè zhǒng tè
够伸缩自如的强健手臂。有了这种特

shū de xiōng qí zhī chēng zài jiā shàng qiáng dà de tán tiào lì yǐ jí
殊的胸鳍支撑，再加上强大的弹跳力以及

wěi qí de tuī dòng lì tán tú yú jiù kě yǐ zì yóu de pá
尾鳍的推动力，弹涂鱼就可以自由地"爬

shù la
树"啦！

弹涂鱼的弹跳力
很强。

弹涂鱼可以在沙
滩上漫步，它的本
领可真大呀！

弹涂鱼胸鳍里的肌
肉粗壮有力。

智慧 小考官

弹涂鱼离开水后靠什么呼吸？

弹涂鱼不仅有鳃可以进行呼吸，其尾鳍也有呼吸功能，另外，它还可以用皮肤和口腔黏膜呼吸。

鲤鱼为什么要"跳龙门"？

我们常常能在刺绣、剪纸和雕刻作品中见到"鲤鱼跳龙门"的可爱样子。传说，鲤鱼沿着黄河逆流而上，游到龙门（今黄河三门峡）时，如果它能跳得上去，就可以变成龙。所以，古时人们就用鲤鱼跳龙门来比喻平民通过科举而高升。其实，鲤鱼跳龙门只是鲤鱼在跳水。鲤鱼为什么总是在水面上跳跃呢？是因为它们太淘气、太贪玩了吗？原来，这些

趴在水底的鲤鱼

鲤鱼

tiào yuè de lǐ yú
跳跃的鲤鱼

zhèng chǔ zài kuài yào chǎn luǎn de
正处在快要产卵的

嬉戏中的鲤鱼

shí hou　　tā men yīn wèi xīng fèn ér biàn de ài tiào yuè
时候，它们因为兴奋而变得爱跳跃。

lìng wài　dāng lǐ yú zāo dào dí hài de tū rán xí
另外，当鲤鱼遭到敌害的突然袭

jī　　shòu dào jīng xià shí　　yě
击，受到惊吓时，也

huì gāo gāo de tiào
会高高地跳

chū shuǐ miàn
出水面。

智慧 小考官

怎样知道鲤鱼的年龄?

原来鲤鱼也有"年轮"，鲤鱼的鳞片上有许多同心圆，只要数一下鱼鳞上同心圆的数量，就知道它几岁了。有机会你来亲自数一数吧。

鱼类中的游泳冠军是谁？

你相信吗？旗鱼的游泳速度甚至比速度最快的轮船还要快，被称为鱼类中的游泳冠军。它为什么会游得那么快呢？原来，这是因为旗鱼生活的海域海水流速很快，如果游得慢了，就会被海浪卷走，为了生存，它必须游得很快，久而久之，它就变得如此"神速"啦。另外，旗鱼的身体构造也为它提供了优越的先天条件。它的嘴巴很长，

旗鱼的背鳍可以收缩起来。

旗鱼是游泳冠军。

yóu yǒng shí   cháng cháng de zuǐ ba   jiù xiàng yòng jiāng huá
游泳时，长长的嘴巴就像用桨划

shuǐ yí yàng bǎ shuǐ xùn sù fēn dào liǎng páng   tóng
水一样把水迅速分到两旁。同

shí   tā de bèi qí kě yǐ shōu suō qi lai   yǐ
时，它的背鳍可以收缩起来，以

jiǎn shǎo zài shuǐ zhōng de zǔ   lì
减少在水中的阻力。

智慧 小考官

旗鱼的长嘴除了分离水流
还有什么作用？

旗鱼的细长尖利的大嘴，就像是锋利的长剑。它往往借助快速的游动，猛地将长长的利嘴插入其他海洋动物体内，然后逐一捕食。

旗鱼嘴巴尖长，背鳍宽大。

旗鱼将嘴插入动物的身体。

旗鱼的尖嘴有利于捕食。

为什么电鳗能放电?
wèi shén me diàn mán néng fàng diàn

电鳗两侧的肌肉是由多达8000枚肌肉薄片 重叠排列组成的,这一枚一枚的肌肉薄片就像一个个小"电池",能够随意发出650伏特的电压,最高能达800伏特,足以把其他鱼电死。电鳗还能在游泳时发射出电脉冲,同时接收电磁波。这使它在黑暗的水底仍然能辨识方向、捕捉猎物。

电鳗的电量足以让敌人毙命。

电鳗外形细长,可达2米左右。

No.1
电鳗可放电650伏。

No.2
电鲶可放电350伏。

No.3
非洲电鳐可放电220伏。

为什么壁虎能"飞檐走壁"?

夏秋的夜晚，我们常能看见壁虎在光滑的墙上、窗户上行走自如。它为什么能"飞檐走壁"呢？原来，壁虎的脚趾上面有许多细微的腺毛，每平方毫米达150万根之多。这么多的腺毛组成一个大吸盘，能支撑起125千克的重量，这是壁虎自身重量的数百倍，所以壁虎能轻松地攀缘。

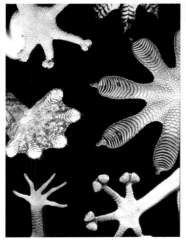

不同种类壁虎的脚趾

我们是爬墙高手，能"飞檐走壁"。

眼镜蛇会闻声起舞吗？

眼镜蛇

伴随着舞蛇者悠扬的乐曲声，眼镜蛇有节奏地摇摆着身体。眼镜蛇真的会闻声起舞吗？

其实，蛇的听觉很不灵敏，它只能听到频率很低的声音，所以不可能对舞蛇者吹奏的音乐有所反应，更不用说随着节奏跳舞了。不过，眼镜蛇能敏锐地感觉到舞蛇者的脚在地上轻拍时的震动。经过训练的蛇一感觉到有动静，

眼镜蛇的身体能随着乐曲而摆动。

眼镜蛇颈部膨胀

原来眼镜蛇"跳舞"是想咬人呀！

jiù huì áng shǒu fā nù　jǐng bù péng zhàng
就会昂首发怒，颈部膨胀，

zhù shì zhe wǔ shé zhě　tā suí zhe wǔ shé
注视着舞蛇者。它随着舞蛇

zhě shēn tǐ de zuǒ yòu bǎi dòng ér yáo bǎi zhe nǎo
者身体的左右摆动而摇摆着脑

dai　zhǐ shì xiǎng chèn jī yào wǔ shé zhě yì kǒu bà
袋，只是想趁机咬舞蛇者一口罢

le　ér bìng bú shì zài tiào wǔ　suǒ yǐ　kàn dào
了，而并不是在跳舞。所以，看到

tiào wǔ　de yǎn jìng shé kě yào xiǎo xīn o
"跳舞"的眼镜蛇可要小心哦！

智慧 小考官

为什么打草会惊蛇？

蛇对于从地面传来的震动很敏感，所以人在草丛里行走时，用棍棒敲打地面或故意加重脚步行走，可使藏在草丛里的蛇感觉到震动而逃走，从而避免自己被蛇咬伤。

乌龟为什么能长寿？
wū guī wèi shén me néng cháng shòu

zài dòng wù wáng guó li   wū guī bèi rèn wéi shì cháng
在动物王国里，乌龟被认为是长

shòu guàn jūn   tā men zěn me néng huó nà me jiǔ ne   yuán lái   zhè yǔ tā de
寿冠军，它们怎么能活那么久呢？原来，这与它的

美丽的绿海龟

shēng huó xí xìng hé shēng lǐ   jī néng yǒu guān xì   jiān yìng de guī jiǎ shǐ wū guī de tóu
生活习性和生理机能有关系。坚硬的龟甲使乌龟的头、

乌龟爬得可真慢。

fù   sì zhī hé wěi ba dōu néng dé dào hěn hǎo de bǎo hù   wū guī
腹、四肢和尾巴都能得到很好的保护。乌龟

hái yǒu shì shuì de xí xìng   jì yào dōng mián yòu yào xià mián   yì nián
还有嗜睡的习性，既要冬眠又要夏眠，一年

yào shuì shàng hǎo jǐ gè yuè   xīn chén dài xiè   fēi cháng huǎn màn   néng liàng xiāo
要睡上好几个月，新陈代谢非常缓慢，能量消

hào jí shǎo   lìng wài   wū guī de xīn zàng jī néng jiào qiáng   zhè duì
耗极少。另外，乌龟的心脏机能较强，这对

龟可分为海龟和陆龟。据
记载，海龟的寿命最
长可达 152 年。

wū guī de cháng shòu qǐ zhe zhòng yào de zuò yòng
乌龟的长寿起着重要的作用。

dòng wù xué jiā men hái fā xiàn   wū guī cháng shòu
动物学家们还发现，乌龟长寿

de mì mì yǔ tā dú tè de hū xī fāng shì hé huǎn
的秘密与它独特的呼吸方式和缓

màn de xì bāo fēn liè dà yǒu guān xì ne
慢的细胞分裂大有关系呢。

想知道我长寿的秘密吗？

陆龟

智慧 小考官

乌龟为什么要背着重重的壳？

乌龟总是背着重重的壳，这可是它自我保护的手段之一。乌龟没有什么防御的手段，跑得又不快，当遇到敌人时，它就会把头和四肢都缩到硬壳里，这样也可以保护自己的身体。

这只龟的壳又厚又重。

龟每年要睡上很长时间。

为什么鳄鱼会流眼泪？

凶猛的鳄鱼在残忍地吞食弱小动物的时候，常常会流眼泪。人们据此认为鳄鱼很虚伪，所以用"鳄鱼的眼泪"表示假慈悲，并用"流泪的鳄鱼"代指那些虚伪的坏人。其实，鳄鱼"流泪"是一种自然的生理现象，这只是鳄鱼在排泄体内多余的盐分。因为鳄鱼的肾功能不完善，无法通

鳄鱼的食物

鳄鱼只有在晒太阳和产卵时才爬上陆地，其他时候都在水中生活。

46

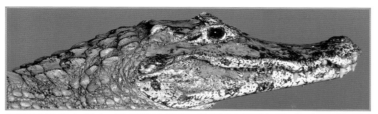

湾鳄是世界上最大、最危险的鳄鱼,雄鳄身长可达 10 米。

白天,鳄鱼的瞳孔收缩得很小。

guò niào yè pái xiè tǐ nèi de yán fèn　yě bù néng tōng guò chū hàn pái yán　suǒ yǐ yán
过 尿 液 排 泄 体 内 的 盐 分, 也 不 能 通 过 出 汗 排 盐, 所 以 盐

fèn zhǐ néng tōng guò fēn bù zài yǎn jing fù jìn de yán xiàn pái chu lai　dāng zhè xiē yán fèn
分 只 能 通 过 分 布 在 眼 睛 附 近 的 盐 腺 排 出 来。 当 这 些 盐 分

pái xiè chu lai shí　jiù hǎo xiàng è
排 泄 出 来 时, 就 好 像 鳄

yú zài liú lèi yí yàng
鱼 在 流 泪 一 样。

天气热的时候,鳄鱼
要张着嘴巴散热。

猜猜看,还有
谁会流泪?

马 ☑
牛 ☑
蜗牛 ☐
蚂蚁 ☐

智慧 小考官

别的动物会流泪吗?

我们人类在悲痛和高兴的时候会流泪,眼睛里掉入灰尘时也会流泪。牛和马在被牵进屠宰场时,眼睛会涌出大量的泪水,样子非常可怜,可能它们已预感到了自己悲惨的命运吧。爬行类、鸟类和哺乳类动物一般会流泪,其他动物则不会。

为什么雨蛙能预报天气？

自然界的天气变化多端，可是雨蛙却能成为我们的天气预报员。仔细观察，你会发现：如果雨蛙乖乖地待在树上，那肯定是晴空万里；如果它从树上跳下来，蹲在地上的话，那肯定是要变

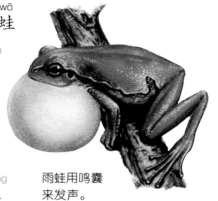

雨蛙用鸣囊来发声。

雨蛙从树上跳下来，就说明要变天喽。

雨蛙喜欢趴在树枝或草叶上。

^{tiān le} ^{zhè jiū jìng shì wèi shén me ne} ^{yuán}
天了。这究竟是为什么呢?原

^{lái} ^{tiān qì qíng lǎng} ^{kōng qì gān zào de shí}
来，天气晴朗、空气干燥的时

^{hou} ^{kūn chóng men fēi de bǐ jiào gāo} ^{yǔ wā yào}
候，昆虫们飞得比较高，雨蛙要

^{zhuō zhù tā men jiù bì xū pá dào shù shang qù} ^{děng}
捉住它们就必须爬到树上去；等

^{dào yào xià yǔ de shí hou} ^{kōng qì zhōng de shī dù}
到要下雨的时候，空气中的湿度

^{dà} ^{kūn chóng men de chì bǎng shang zhān zhe xiǎo shuǐ}
大，昆虫们的翅膀上粘着小水

^{zhū} ^{jiù fēi bu gāo le} ^{yǔ wā yě jiù kě yǐ}
珠，就飞不高了，雨蛙也就可以

^{zài dì shang děng zhe tā men le}
在地上等着它们了。

智慧 小考官

雨蛙是用什么来发声的?

雨蛙是用鸣囊来发声的。雨蛙的鸣囊就像一个大"音箱"，可以像气球一样鼓起来，鼓得越大，歌声就越响亮。

企鹅为什么能生活在南极？

南极常年被冰雪覆盖，气候条件非常恶劣，很少有动物能在那里安家。可是，在这块银白色的大陆上时常能看到一群群移动的小黑点，它们就是南极的主人——企鹅。为了适应南极恶劣的气候环境，企鹅经过了漫长的进化。现在的企鹅身上有厚厚的脂肪和浓密的羽毛，足以让

企鹅

从远处看，企鹅像南极大陆上一群移动的小黑点。

在水里游泳的企鹅

tā dǐ yù yán hán tā de
它抵御严寒；它的

chì bǎng tuì huà bù néng fēi
翅膀退化，不能飞

xiáng dàn què duì xíng zǒu hé
翔，但却对行走和

yóu yǒng dà dà yǒu lì zhè
游泳大大有利，这

企鹅退化的翅膀更有利于它在水中游泳和滑行。

duì xiǎo chì bǎng jiù xiàng xiǎo chuán jiǎng
对小翅膀就像小船桨，

néng gòu jiā kuài tā yóu yǒng hé huá xíng de sù dù
能够加快它游泳和滑行的速度，

yǒu lì yú tā bǔ shí hé duǒ bì dí hài
有利于它捕食和躲避敌害。

企鹅一家

智慧 小考官

"企鹅"这个的名字是怎样得来的?

企鹅的身体很像一只大肥鹅，而且它总是伸着脖子向远处眺望，好像在企盼着什么，所以人们就把它叫作"企鹅"。

为什么鸵鸟不会飞?
wèi shén me tuó niǎo bú huì fēi

鸵鸟生活在广阔的非洲草原上,它虽
tuó niǎo shēng huó zài guǎng kuò de fēi zhōu cǎo yuán shang tā suī

然是鸟类的一种,却不能像其他的鸟儿一
rán shì niǎo lèi de yì zhǒng què bù néng xiàng qí tā de niǎor yí

刚出生的小鸵鸟也比其他鸟大得多。

样展翅飞翔。其实最早的鸵鸟是会
yàng zhǎn chì fēi xiáng qí shí zuì zǎo de tuó niǎo shì huì

飞的,但是它们长期群居在草原地带,主
fēi de dàn shì tā men cháng qī qún jū zài cǎo yuán dì dài zhǔ

要以青草为食,有时吃一些小型哺乳动
yào yǐ qīng cǎo wéi shí yǒu shí chī yì xiē xiǎo xíng bǔ rǔ dòng

物和爬行动物,所以很少有机会飞上
wù hé pá xíng dòng wù suǒ yǐ hěn shǎo yǒu jī huì fēi shàng

蓝天,翅膀也就退化得越来越小,并逐
lán tiān chì bǎng yě jiù tuì huà de yuè lái yuè xiǎo bìng zhú

鸵鸟

鸵鸟只能以快速的奔跑来代替飞行。

<ruby>渐 shī<rt>jiàn</rt></ruby>失去了飞行的能力。并且，鸵鸟还是个大块头，它的体

重可达100千克以上，身高有2米多，像这样重的身体，

要想飞起来，也不是一件容易的事。

鸵鸟是非洲草原上鸟类中的大块头。

鸵鸟的翅膀已经退化，无法飞行。

智慧 小考官

鸵鸟的翅膀有什么用?

鸵鸟的翅膀虽然不能飞，但是很有用。鸵鸟跑得很快，在奔跑时，它可以张开翅膀以保持身体平衡，还可以只展开一边翅膀来帮助拐弯。下雨时，鸵鸟妈妈的翅膀还可以为小鸵鸟挡雨呢!

鸵鸟的翅膀可以为宝宝们挡风遮雨。

鸵鸟每小时能跑60千米，我怎么都追不上。

蜂鸟有什么飞行绝技？

蜂鸟身材小巧。

在美洲的花园里你可能经常会听到"嗡嗡"的声响，也许那并不是蜜蜂，而是蜂鸟哦。蜂鸟身材小巧，和蜜蜂差不多大。但这个小不点却是一个不折不扣的飞行高手。它能飞到海拔5000米的高空，还能连续飞行800多千米。蜂鸟的翅膀非常灵活，一秒钟能扇80～90次。它飞行的速度非常快，时速可达50千米，人们

蜂鸟有着高超的飞行技巧。

蜂鸟

蜂鸟以花朵上的昆虫及花蜜为食。

往往只听到它的声音，却看不清
wǎng wǎng zhǐ tīng dào tā de shēng yīn   què kàn bu qīng

它的身影。另外，蜂鸟还能够在
tā de shēn yǐng   lìng wài   fēng niǎo hái néng gòu zài

空中悬停，并能
kōng zhōng xuán tíng   bìng néng

够倒着飞，是已经
gòu dào zhe fēi   shì yǐ jīng

发现的鸟类中唯一能
fā xiàn de niǎo lèi zhōng wéi yī néng

倒着飞的。真可谓身
dào zhe fēi de   zhēn kě wèi shēn

怀绝技呀！
huái jué jì ya

蜂鸟的蛋可真小呀！

智慧 小考官

小如蜜蜂的蜂鸟的蛋有多大？

蜂鸟的蛋是世界上最小的鸟蛋，只有黄豆一般大小。而鸵鸟的蛋则是鸟类中最大的，鸵鸟蛋的重量是蜂鸟蛋的7500倍。

为什么鹦鹉会学舌？

鹦鹉也叫鹦哥，经过人类的特殊训练，不仅可以做出各种高难度的动作，还会模仿人说话呢！原来，在鹦鹉的喉咙里，控制鸣叫的肌肉特别发达，能使它发出清晰的声调；鹦鹉的舌头又细又长，而且柔软灵活，所以能够发出很奇

金刚鹦鹉

凤头鹦鹉

瞧！这些鹦鹉多漂亮啊！

鹦鹉夫妇也很恩爱。

tè de shēng yīn   yīng wǔ de jì yì
特的声音；鹦鹉的记忆

lì yě hěn hǎo   yīn cǐ tā néng gòu
力也很好，因此它能够

wéi miào wéi xiào de mó fǎng
惟妙惟肖地模仿

rén lèi de yǔ yán   xùn liàn yīng wǔ
人类的语言。训练鹦鹉

xué shuō huà   yì bān yīng gāi xuǎn zé zài qīng chén huò bǐ
学说话，一般应该选择在清晨或比

jiào ān jìng de huán jìng lǐ   kāi shǐ shí xuǎn zé jiǎn dān
较安静的环境里，开始时选择简单

de duǎn jù   fǎn fù xùn liàn   yì bān yí jù huà yì zhōu
的短句，反复训练，一般一句话一周

zuǒ yòu yīng wǔ jiù néng xué huì le
左右鹦鹉就能学会了。

鹦鹉

智慧小考官

鹦鹉家族中谁的模仿能力最强？

全世界大概有330多种鹦鹉，其中模仿能力最强的是非洲灰鹦鹉的雄鸟，据说它能学会800多个单词，当然这是需要人用极大的耐心加以训练的。现在野生的非洲灰鹦鹉已经非常少见了。

鹦鹉大多生活在热带和亚热带森林里。

鹦鹉的羽色非常丰富。

孔雀为什么要开屏？

孔雀是鸟类王国中最美丽的一员，雄孔雀的尾屏展开时就像一张大大的扇面，绚丽夺目。不过，孔雀开屏可不是为了炫耀它的美丽，而是为了求偶。每到繁殖季节，雄孔雀就常常展开尾屏，翩翩起舞，以召唤雌孔雀。另外，孔雀开屏还有恫吓敌人的作用，因为

孔雀羽毛上的圆斑

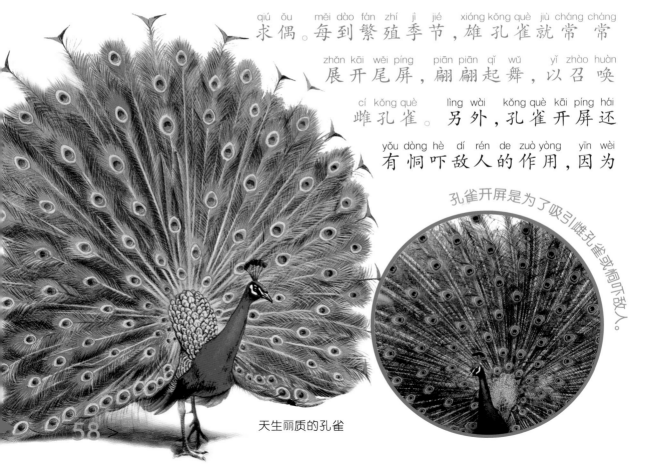

孔雀开屏是为了吸引雌孔雀或恫吓敌人。

天生丽质的孔雀

wěi píng zhǎn kāi hòu　shàng miàn huì chū xiàn yí　gè gè xiān míng yàn
尾屏展开后，上面会出现一个个鲜明艳

lì de yuán bān　jiù xiàng yì zhī zhī dèng dà de yǎn jing　dí rén yì
丽的圆斑，就像一只只瞪大的眼睛，敌人一

kàn jiù huì bèi xià zhù　zài dòng wù yuán lì　kǒng què yǒu shí huì bǎ
看就会被吓住。在动物园里，孔雀有时会把

wéi guān de yóu kè dàng chéng dí rén　yīn cǐ yě huì kāi píng shì wēi ne
围观的游客当成敌人，因此也会开屏示威呢。

雄孔雀的尾巴很长，所以只能在树上睡觉。

不同种类的孔雀

看看，我和孔雀谁更漂亮？

智慧 小考官

雌孔雀也会开屏吗？

　　动物界中大都是雄的比雌的漂亮，孔雀也是这样，雄性较美丽，而雌性却其貌不扬。雌孔雀并没有雄孔雀那样漂亮的大尾巴，并且它们也不会开屏。

雌孔雀没有雄孔雀那样漂亮的尾屏，也不会开屏。

小杜鹃是谁喂大的？
xiǎo dù juān shì shuí wèi dà de

杜鹃鸟是典型的巢寄
dù juān niǎo shì diǎn xíng de cháo jì

生鸟类，它从来不做窝。
shēng niǎo lèi tā cóng lái bú zuò wō

每到繁殖季节，雌杜
měi dào fán zhí jì jié cí dù

鹃便会用心地寻找画
juān biàn huì yòng xīn de xún zhǎo huà

眉、芦苇莺、红尾伯劳等小鸟的巢穴。找到以后，它
méi lú wěi yīng hóng wěi bó láo děng xiǎo niǎo de cháo xué zhǎo dào yǐ hòu tā

们就会学着凶猛的老鹰飞行的样子冲下来，把正在孵卵
men jiù huì xué zhe xiōng měng de lǎo yīng fēi xíng de yàng zi chōng xia lai bǎ zhèng zài fū luǎn

的鸟妈妈吓跑。然后，杜鹃把自己的
de niǎo mā ma xià pǎo rán hòu dù juān bǎ zì jǐ de

有了目标，杜鹃就会猛冲下去，把正在孵卵的鸟妈妈吓跑。

芦苇莺是小杜鹃的养母之一。

杜鹃是一种巢寄生鸟类。

luǎn chǎn zài cháo lǐ miàn　　bìng dài zǒu cháo li yuán yǒu de yì méi luǎn　　yǐ fáng bèi fēi huí
卵 产 在 巢 里 面 ，并 带 走 巢 里 原 有 的 一 枚 卵 ，以 防 被 飞 回

lái de niǎo mā ma kàn chū pò zhàn　　niǎo mā ma huí lai yǐ hòu　　jìng háo wú
来 的 鸟 妈 妈 看 出 破 绽 。鸟 妈 妈 回 来 以 后 ，竟 毫 无

chá jué　　xiàng duì dài zì jǐ de qīn shēng gǔ ròu yí yàng yòng xīn fū huà　　zhí zhì bǎ
察 觉 ，像 对 待 自 己 的 亲 生 骨 肉 一 样 用 心 孵 化 ，直 至 把

xiǎo dù juān wèi yǎng dà
小 杜 鹃 喂 养 大 。

杜鹃妈妈把自己的卵生在别的鸟巢里，还偷走巢里的一枚卵。

> 杜鹃妈妈又在换蛋啦！

杜鹃中的鹰鹃是典型的巢寄生鸟类。

小杜鹃张开大嘴，接受养母的食物。

智慧 小考官
难道小杜鹃的养父母认不出杜鹃的蛋吗？

虽然杜鹃个头很大，可是杜鹃妈妈产下的蛋和小杜鹃的养父母产下的蛋在大小、颜色及形状上都十分相近，所以小杜鹃的养父母很难分辨出来哪个蛋不是自己的，只好一块儿孵了。

猫头鹰为什么是"夜猫子"？

猫头鹰和大多数鸟类不同，它的两只眼睛长在头部的正前方，眼球上缺少控制瞳孔缩放的肌肉，所以无论白天还是黑夜，瞳孔都是一样大。猫头鹰的视网膜上还布满了能感觉较暗光线的圆柱细胞，因此能在黑暗中看到物体。另外，猫头鹰耳朵的构造和功能也很特别，接受声音的能力很强，两只耳朵一高一低，一大一小，能够准确地辨

猫头鹰可以在黑夜里准确地捕捉到猎物。

猫头鹰

猫头鹰的脖子很灵活。

猫头鹰在晚上非常警觉。

我这样打扮像不像猫头鹰啊?

田鼠是猫头鹰的主要食物。

bié liè wù de fāng xiàng
别 猎 物 的 方 向。

yǒu le zhè xiē tè shū gōng
有 了 这 些 特 殊 功

néng māo tóu yīng jiù kě yǐ zài bái tiān shuì dà jiào wǎn
能，猫 头 鹰 就 可 以 在 白 天 睡 大 觉，晚

shang chū lai zhuō lǎo shǔ le
上 出 来 捉 老 鼠 了。

智慧 小考官

猫头鹰是怎样看到左右两边的东西的?

猫头鹰的视觉很灵敏，虽然它的两只眼睛都长在前面，但它的脖子极为灵活，所以只要转一下头，它就可以看到左右的东西了。

猫头鹰的眼睛和脖子的构造都很特殊。

秃鹫的头颈为什么不长毛？

你在动物园见过秃鹫吗？这种猛禽的头和颈都是"不毛之地"——光秃秃的，这是为什么呢？原来，秃鹫主要以腐烂的动物尸体为食，在进食过程中，它的头和脖子很容易沾染血污和细菌。如果头上长着浓密的羽毛，这些细菌就会躲在里

秃鹫很喜欢晒太阳，这样可以杀菌消毒。

秃鹫光秃秃的脖颈是它们适应环境的结果。

秃鹫在找到食物时脖子会变红。

秃鹫

miàn shǐ tū jiù shēng bìng
面，使秃鹫生病。

ér xiàn zài   tū jiù chī wán
而现在，秃鹫吃完

dōng xi hòu qù shài shai tài yáng   tā nà guāng tū tū de
东西后去晒晒太阳，它那光秃秃的

tóu hé bó zi hěn róng yì jiù qīng jié hé xiāo dú hǎo le
头和脖子很容易就清洁和消毒好了。

suǒ yǐ   tū jiù de tóu hé jǐng bù zhǎng máo   shì cháng qī
所以，秃鹫的头和颈不长毛，是长期

yǐ lái shēn tǐ bú duàn shì yìng huán jìng de jié guǒ
以来身体不断适应环境的结果。

智慧 小考官

秃鹫光秃秃的脖子还有
什么用处？

平时，秃鹫的面部是暗褐色的，脖子是铅蓝色的。但在找到食物或吃东西的时候，秃鹫脖子的颜色就会变成鲜红色，这是秃鹫在警告其他秃鹫："快给我走开，否则我就不客气啦！"

秃鹫头颈不长毛
是为了清洁啊！

65 >

信鸽怎样找到回家的路？

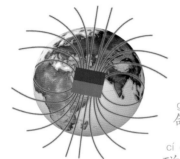

地球磁场示意图

信鸽能够从千里之外找到回家的路，是因为它们具有很多辨别方位的本领。信鸽的上嘴喙有一种能够感应磁场的晶胞，所以信鸽具有磁性感知能力，可以利用地球磁场来导航。

此外，信鸽的嗅觉很灵敏，它们可以利用气味找到归途。有人说，鸽子也像其他鸟类

鸽子一般雌雄成对生活在一起。

我也想变成一只可爱的信鸽！

鸽子也被称为和平的使者。

yí yàng　jīng cháng yán gōng lù　tiě lù　yùn hé
一样，经常沿公路、铁路、运河

hé qí tā rén zào háng kōng biāo zhì děng fēi xíng
和其他人造航空标志等飞行，

zuì zhōng dào dá mù dì dì
最终到达目的地。

智慧 小考官

有什么办法能选到好信鸽?

选择信鸽也有一定的标准。比较好的信鸽的头比一般鸽子的大，后脑发达，眼珠清亮，瞳孔反应敏锐，肩宽翅坚，腿短爪利，体重不超过 450 克。

信鸽

信鸽可以通过各种方法来辨别方向，找到回家的路。

信鸽能不远万里为人类传递信息。

信鸽具有多种辨别方位的本领。

军舰鸟是"海盗鸟"吗？

看！一只军舰鸟正猛扑向一只鲣鸟，它咬住鲣鸟的尾巴，霸道地把鲣鸟嘴里的食物夺走了。军舰鸟真是不折不扣的"海盗鸟"呀！军舰鸟是一种擅长飞行的鸟儿，它的翅膀和尾巴都很长，身体又很轻，所以飞行速度很快。仗着这些优势，军舰鸟

军舰鸟

智慧 小考官

军舰鸟的红色喉咙有什么作用呢？

繁殖期，雄军舰鸟的喉咙会鼓胀而变得鲜红，雄鸟利用喉咙忽而胀大，忽而缩小，来吸引雌鸟的注意力。

军舰鸟正在抢夺别的
鸟儿的食物！

néng xùn sù líng huó de qiǎng duó bié de niǎor
能迅速、灵活地抢夺别的鸟

de shí wù nà tā wèi shén me yào
儿的食物。那它为什么要

qiǎng bié rén de dōng xi ne nà shì yīn
抢别人的东西呢？那是因

wèi jūn jiàn niǎo de jiǎo hěn xiǎo zài lù dì shang xíng zǒu hěn bù
为军舰鸟的脚很小，在陆地上行走很不

fāng biàn tā men suī shēng yǒu pǔ dàn zài shuǐ zhōng tóng yàng bèn
方便；它们虽生有蹼，但在水中同样笨

zhuō wèi le mǎn zú zì jǐ de xū yào
拙，为了满足自己的需要，

jiù zhǐ hǎo lún wéi hǎi dào niǎo le
就只好沦为"海盗鸟"了。

雄军舰鸟的红色
喉咙真漂亮呀！

雄军舰鸟鼓起红色的
喉咙是为了吸引雌鸟。

大雁为什么要排队飞行?

夏去秋来，雁儿南飞，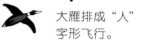一会儿排成"人"字，一会儿排成"一"字。广阔无垠的蓝天，可以任大雁自由飞翔，可是它们为什么要排着队飞行，而且特别遵守纪律呢？原来，大雁每年秋天都要从北方飞到南方，来年春天再飞回来。由北到南，是一段很远的距离，如果大

大雁排成"人"字形飞行。

大雁在水中自由自在地游泳。

智慧 小考官

大雁们什么时候排成"人"字?

雁群的队形是随着风向而变化的。如果是顶风的时候，头雁会在中间，雁群就会排成"人"字。

大雁南飞。

yàn lí kāi jí tǐ　dān kào zì jǐ de lì liàng shì nán
雁离开集体，单靠自己的力量是难

yǐ wán chéng zhè duàn cháng tú lǚ xíng de　dāng yàn qún pái
以完成这段长途旅行的。当雁群排

chéng zhěng qí de duì xíng　yǒu jié zòu de shān dòng chì bǎng fēi xíng
成整齐的队形，有节奏地扇动翅膀飞行

shí　cóng ér chǎn shēng yì gǔ hěn dà de shàng shēng qì liú　zhè gǔ
时，从而产生一股很大的上升气流。这股

qì liú kě yǐ tuō qǐ duì liè zhōng de dà yàn　ràng tā men fēi xíng shí
气流可以托起队列中的大雁，让它们飞行时

shǎo fèi yì diǎn lì qi
少费一点力气。

秋天到了，一起去看大雁南飞吧！

巨嘴鸟的大嘴为何如此出名？

巨嘴鸟的嘴巴色彩艳丽。

巨嘴鸟的嘴巴可是出了名的大，光听它的名字就能知道了。可是，巨嘴鸟的大嘴如此出名仅仅是因为它很大吗？其实，巨嘴鸟的大嘴还有很多奇特之处。首先，这张大嘴有着缤纷的色彩：一部分是黄色，黄中还略带点绿；一部分是蔚蓝色；还有一部

巨嘴鸟

智慧 小考官

巨嘴鸟为什么那么艳丽？

巨嘴鸟的嘴巴和羽毛都具有鲜艳的色彩，这是因为它们生活在百花盛开的树丛中，有了这种特殊的保护色，就可以很好地躲避敌害了。

分是红色，就像一条彩虹。其次，巨嘴鸟的嘴巴虽然很大，却很轻。这是因为它的嘴巴外面是一层薄硬壳，里面则是一层海绵状多孔组织，中间充满了空气。又大又轻又艳丽，恐怕世界上再没有什么动物的嘴巴比巨嘴鸟的更奇特了吧！

我也想要一个彩色的嘴巴。

巨嘴鸟生活在百花盛开的丛林中。

巨嘴鸟的嘴巴很奇特。

啄木鸟为什么不得脑震荡？

zhuó mù niǎo wèi shén me bù
dé nǎo zhèn dàng

"笃笃笃"，啄木鸟又在给大树捉虫子治病了。

啄木鸟是勤劳的森林医生，森林里的树木都很喜欢它。可是，啄木鸟每天要不停地敲击树木五六百次，而且每次敲击的冲击力都很大，它不会得脑震荡吗？不用担心，它自有一套自我保护的法宝。

啄木鸟的脑子周围包裹着一层细

森林医生啄木鸟

啄木鸟用舌头将树洞里的害虫钩出来。

mì róu ruǎn de hǎi mián zhuàng gǔ gé zhè xiē gǔ gé
密、柔软的海绵状骨骼，这些骨骼

de lǐ miàn chōng mǎn le qì tǐ ér gǔ gé wài miàn hái
的里面充满了气体，而骨骼外面还

yǒu yì céng qiáng yǒu lì de jī ròu zhè xiē dōu néng qǐ
有一层强有力的肌肉，这些都能起

dào jiǎn zhèn de zuò yòng suǒ yǐ dāng zhuó mù niǎo qiāo
到减震的作用。所以，当啄木鸟敲

jī dà shù de shí hou nǎo zi bìng bú huì yǔ gǔ gé fā
击大树的时候，脑子并不会与骨骼发

shēng měng liè de pèng zhuàng yě jiù bú huì dé nǎo zhèn dàng le
生猛烈的碰撞，也就不会得脑震荡了。

啄木鸟的脚趾尖细，可以牢牢地抓住树干。

啄木鸟很勤劳。

智慧 小考官

啄木鸟为什么能捉住树干深处的虫子？

啄木鸟的嘴巴像一把钢凿，能在树上凿洞；它的舌头细长，能分泌黏液，并长有短钩，所以能捉住树洞深处的虫子。

海鸥是怎样为海员导航的?

在浩瀚的大海上空,我们总能看见海鸥唱着歌儿、打着旋儿地自由翱翔。海鸥不仅是海员们的好朋友,还是海员们优秀的导航员。当看到海鸥群集在海滩、岩石周围,时飞时落时,海员们就可以判断附近有暗礁。如果海上起了大雾,辨不清方向,海员们可以顺着海鸥飞行的

海鸥

海鸥在蔚蓝的大海上空飞翔。

智慧 小考官

海鸥除了被称为"导航员",还有什么其他美称?

海鸥主要以海边昆虫、甲壳类动物的腐肉为食,同时,它们还捡食海边的垃圾,因而有"海边清洁工"的美称。

展翅翱翔的海鸥

fāng xiàng zhǎo dào gǎng kǒu hǎi ōu hái néng gǎn zhī qì yā hé tiān qì de biàn huà
方 向 找 到 港 口 。海 鸥 还 能 感 知 气 压 和 天 气 的 变 化 。

rú guǒ hǎi ōu tiē jìn hǎi miàn fēi xíng zhè biǎo shì dì èr tiān tiān qì qíng lǎng rú guǒ tiān
如 果 海 鸥 贴 近 海 面 飞 行 ，这 表 示 第 二 天 天 气 晴 朗 ；如 果 天

qì yào biàn huài hǎi ōu jiù huì zài hǎi biān bú duàn
气 要 变 坏 ，海 鸥 就 会 在 海 边 不 断

pái huái gēn jù zhè xiē xíng wéi biǎo xiàn hǎi yuán
徘 徊 。 根 据 这 些 行 为 表 现 ，海 员

men kě yǐ jué dìng shì fǒu chū hǎi
们 可 以 决 定 是 否 出 海 。

海鸥还被称为"海
边清洁工"。

你看,那里有
一只海鸥!

海鸥身姿健美，
惹人喜爱。

为什么天鹅是"爱的使者"？

天鹅体态优美，举止端庄，圣洁而又高贵，它们总能引起人们的无限遐想。而且，自古以来天鹅就被当作"爱的使者"。可是美丽的动物那么多，为什么只有天鹅被冠以如此盛名呢？原来，天鹅也实行"终身伴侣制"，它们一生都和伴侣生活在一起，共同觅食、休息、

天鹅总是成对生活在一起。

天鹅有白色的，也有黑色的。

wán shuǎ　jiù suàn zài qiān xǐ de tú zhōng yě shì xíng
玩耍，就算在迁徙的途中也是形

yǐng bù lí　xiāng hù zhào yìng　ér qiě rú guǒ
影不离，相互照应。而且如果

yǒu yì zhī tiān é bú xìng sǐ qù　tā de bàn
有一只天鹅不幸死去，它的伴

lǚ jiù huì zài kōng zhōng bú duàn pán xuán　fā
侣就会在空中不断盘旋，发

chū zhèn zhèn bēi míng　jiǔ jiǔ bù kěn lí
出阵阵悲鸣，久久不肯离

qù　shī qù bàn lǚ de tiān é
去。失去伴侣的天鹅，

cóng cǐ gū dú de shēng huó　zhí zhì
从此孤独地生活，直至

lǎo qù yě jué bú zài mì pèi ǒu
老去也决不再觅配偶。

天鹅半张开的翅膀好像一颗心。

恩爱的天鹅伴侣

洁白的天鹅

智慧 小考官

世界上有哪几种天鹅？

　　世界上现在一共有五种天鹅：黑天鹅、黑颈天鹅、小天鹅、大天鹅和疣鼻天鹅。我国主要有大天鹅、小天鹅和疣鼻天鹅三种。

豹子跑得比汽车还快吗？

大家都知道豹子吧？它可是世界上跑得最快的动物，豹子全速奔跑起来时，速度比汽车还要快呢！它为什么能跑得那么快呢？这与它特殊的身体结构有很大的关系。

豹子的体形前高后低，腰身细长，呈流线型，奔跑时可以减少空气阻力。同时，它长长的尾巴就像舵一样，能起到平衡的作用，保证它在快速

豹子的腰身细长。

豹子

豹子全速奔跑起来，速度比汽车还快。

bēn pǎo shí bú huì diē dǎo ér qiě bào
奔跑时不会跌倒。而且豹

zi de jǐ zhù fēi cháng róu ruǎn róng yì
子的脊柱非常柔软，容易

wān qū jiù xiàng yì gēn dà tán huáng qǐ
弯曲，就像一根大弹簧，起

dào huǎn chōng de zuò yòng bǎo zhèng tā huó dòng
到缓冲的作用，保证它活动

zì rú lìng wài bào zi de fèi huó liàng
自如。另外，豹子的肺活量

hěn dà zhè yě shǐ tā men zài bēn pǎo shí
很大，这也使它们在奔跑时

néng gòu dé dào chōng zú de yǎng qì
能够得到充足的氧气。

智慧 小考官

豹子奔跑时的弱点是什么？

豹子奔跑速度太快，很难急转弯，因此在追捕猎物时，一旦猎物突然调转方向，豹子就无计可施了。

豹子善于爬树。

豹子是猫科动物的一种。

袋鼠妈妈为什么长着口袋?

从袋鼠的名字我们就可以知道,它们身上有个口袋。这个口袋叫育儿袋,长在袋鼠肚子的前面,由一根袋骨支撑着。

这个袋子是用来哺育小袋鼠的。小袋鼠生下来时,身长不到2厘米,体重不到1克,后腿还被胎膜裹着,根本不像兽类,活像一条小蚯

袋鼠的弹跳能力很强。

小袋鼠在妈妈的袋囊里安稳地睡着。

袋鼠原产于澳大利亚和巴布亚新几内亚部分地区。

只有袋鼠妈妈肚子上有育儿袋,袋鼠爸爸没有。

yǐn
蚓。还未发育完全的小袋鼠要想在自然

huán jìng zhōng cún huó xia lai bìng bù róng yì   hǎo zài dài shǔ mā ma
环境中存活下来并不容易，好在袋鼠妈妈

yǒu gè yù ér dài   xiǎo dài shǔ huì pá jìn yù ér dài li   diāo
有个育儿袋，小袋鼠会爬进育儿袋里，叼

zhù mā ma de rǔ tóu bú fàng   zài lǐ miàn shēng huó yuē
住妈妈的乳头不放，在里面生活约230

tiān   cái lí kāi mǔ tǐ
天，才离开母体。

袋鼠看起来很温驯，
实际上非常好斗。

小袋鼠真幸福啊，
袋鼠妈妈的大口
袋里好暖和！

小袋鼠在妈妈的袋
子里要待很长时间，
才能独立生活。

小袋鼠长大一些后，
会把头钻进妈妈的育
儿袋里喝奶。

智慧 小考官

**袋鼠妈妈一年会生几个
小宝宝？**

袋鼠每年生殖一两次，小袋
鼠在受精 30～40 天出生。袋鼠
妈妈可以同时带三个孩子：一只
在袋外的小袋鼠、一只在袋内的
小袋鼠和一只待产的小袋鼠。

小鸭嘴兽怎样喝乳汁呢?

鸭嘴兽的长相非常古怪:它的嘴和脚像鸭子,并因此而得名;它的尾巴长得却很像海狸。

小鸭嘴兽虽然是从蛋里孵出来的,却是喝妈妈的乳汁长大的,所以它属于哺乳动物。奇怪的是,鸭嘴兽妈妈并没有乳头,那小鸭嘴兽是怎样喝到乳汁的呢?

鸭嘴兽

智慧 小考官

世界上还有其他的蛋生哺乳动物吗?

世界上的蛋生哺乳动物,除了鸭嘴兽之外,还有针鼹。针鼹的外形很像刺猬,它和鸭嘴兽都生活在澳大利亚。

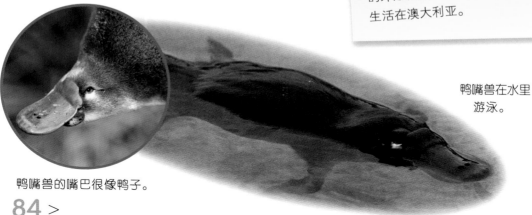

鸭嘴兽在水里游泳。

鸭嘴兽的嘴巴很像鸭子。

yuán lái　　yā zuǐ shòu mā ma
原来，鸭嘴兽妈妈

de dù zi shang zhǎng yǒu　yí
的肚子上 长有一

gè xiǎo dài zi　 xiǎo dài zi
个小袋子，小袋子

lǐ miàn kě yǐ fēn mì rǔ zhī　　wèi nǎi shí
里面可以分泌乳汁。喂奶时，

yā zuǐ shòu mā ma　jiù yǎng miàn cháo tiān　de tǎng zài
鸭嘴兽妈妈就仰面朝天地躺在

dì shang　　jī è de xiǎo yā zuǐ shòu men jiù huì pá dào
地上，饥饿的小鸭嘴兽们就会爬到

mā ma de dù pí shang qù tiǎn shí rǔ zhī
妈妈的肚皮上去舔食乳汁。

鸭嘴兽穴居在水边。

鸭嘴兽真是一种奇特的动物呀！

鸭嘴兽是一种生活在澳大利亚的古老动物。

小鸭嘴兽破壳而出了。

小鸭嘴兽趴在妈妈的肚皮上喝乳汁。

85 >

松鼠冬天吃什么？

伶俐乖巧的小松鼠拖着一条毛茸茸的大尾巴，总是跳来跳去，一会儿去摘松果，一会儿又钻进洞里。每当金秋时节，小松鼠更是忙个不停。原来，秋天时果子都成熟了，小松鼠们就会在地上挖好洞，然

小松鼠往嘴里塞满食物，然后带回洞里。

松鼠会在秋天的时候去采集果实。

松鼠用泥土和树叶把地洞口塞住。

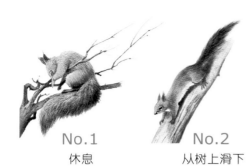

No.1
休息

No.2
从树上滑下

No.3
早上梳妆

No.4
晒太阳

hòu qù cǎi jí xǔ duō xǔ duō de guǒ shí　bǎ tā men mái jìn dì dòng
后去采集许多许多的果实，把它们埋进地洞，

zài yòng ní tǔ huò luò yè bǎ dòng kǒu sāi qi lai　zhè yàng　dào le
再用泥土或落叶把洞口塞起来。这样，到了

dōng tiān　　dà dì bèi bīng xuě fù gài　zhǎo bu dào shí wù shí
冬天，大地被冰雪覆盖，找不到食物时，

xiǎo sōng shǔ men jiù　kě　yǐ cóng róng de xiǎng yòng tā men zài qiū
小松鼠们就可以从容地享用它们在秋

tiān chǔ cáng qi lai de guǒ shí　ān wěn de guò yí gè dōng tiān le
天储藏起来的果实，安稳地过一个冬天了。

> 大家快来看看松鼠的日常生活！

智慧 小考官

松鼠需要冬眠吗？

　　松鼠不需要进行冬眠。原来，松鼠不仅有食物储藏室，而且有用树枝和苔藓编织的既暖和又结实的"卧室"，所以它在冬天也不会被饿死或冻死。

松鼠把家安在树杈上或者树洞里。

蝙蝠为什么倒挂着睡觉?

蝙蝠

蝙蝠是唯一会飞的哺乳动物,而且,它的睡姿也很奇特。它总是用后脚爪钩住屋檐,身体倒挂,头朝着下面睡觉。这种倒挂的睡姿使蝙蝠的身体不会碰到冰冷的岩壁,从而可以保持身体的温暖。另外,蝙蝠的腿部力量很小,它不能够行走,爬行时也要借助翅膀的力量才行。如果趴着睡觉,它就很

蝙蝠倒挂在洞穴里的石壁上。

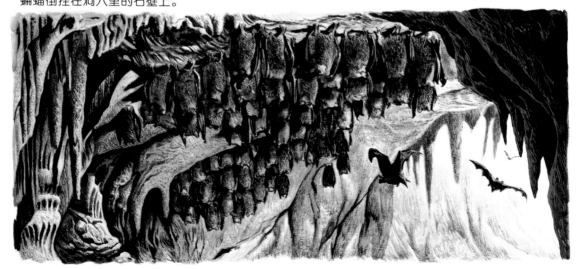

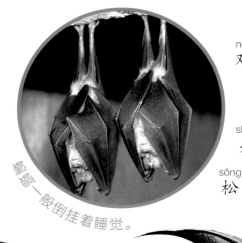

靠墙一般倒挂着睡觉。

^{nán qǐ fēi} ^{suǒ yǐ} ^{biān fú dào guà zhe shēn tǐ}
难起飞。所以，蝙蝠倒挂着身体，

^{wàn yī yù dào wēi xiǎn} ^{zhǐ yào bǎ zhuǎ zi yì sōng}
万一遇到危险，只要把爪子一松，

^{shēn tǐ wǎng xià yì chén} ^{tā jiù kě yǐ qīng}
身体往下一沉，它就可以轻

^{sōng qǐ fēi} ^{xùn sù táo shēng le}
松起飞，迅速逃生了。

正在捕食
的蝙蝠

快看！我像不
像蝙蝠侠？

智慧 小考官

蝙蝠是怎么捕猎的？

蝙蝠会发出人类听不见的声波。当这种声波遇到物体时，会返回来，这样蝙蝠就能根据回声变化辨别出这个物体离自己有多远，是移动的还是静止的。

蝙蝠利用声波搜寻猎物。

北极熊为什么不怕冷？

刚出生的小北极熊使劲儿往妈妈怀里钻。

如果说企鹅是南极的主人，那么北极熊无疑就是北极之王了。

虽然生活在寒冷刺骨的北极，北极熊却满不在乎。北极熊为什么不怕冷呢？原来，它们身体表面的毛可分为两层：外面一层毛直立着，比较粗糙，能把照射到身上的阳光全部吸收；里面的一层是短而细密的绒毛，毛中间充满空气，易于吸收阳光

北极熊在冰天雪地里依然悠然自得。

北极熊，我来看你们啦！

北极熊一家

北极熊

zhōng de rè liàng běi jí xióng shēn
中 的 热 量，北 极 熊 身

tǐ de rè liàng yě bù róng yì
体 的 热 量 也 不 容 易

sàn fā cóng ér bǎo chí tǐ wēn
散 发，从 而 保 持 体 温。

lìng wài běi jí xióng de pí xià zhǎng
另 外，北 极 熊 的 皮 下 长

zhe hòu hòu de zhī fáng céng yǒu lì
着 厚 厚 的 脂 肪 层，有 利

yú zǔ gé yán hán suǒ yǐ zài hán lěng de tiān
于 阻 隔 严 寒，所 以 再 寒 冷 的 天

qì běi jí xióng yě yōu rán zì dé
气，北 极 熊 也 悠 然 自 得。

北极熊全身披覆着保暖的毛，所以不怕寒冷。

智慧 小考官

北极熊在冰上行走为什么不会摔跟头？

北极熊长年累月在冰上行走，却不会摔跟头，这是因为北极熊的脚底下不是光光的肉垫，而是长着一层密密的毛，这就增加了脚掌与冰面的摩擦力，所以它不会摔跤。

北极熊在冰面上嬉戏。

91 >
后面更精彩哟……

dà xiàng de cháng bí zi yǒu shén me yòng
大象的长鼻子有什么用?

dà xiàng yǒu cháng cháng de bí zi zhè bí zi de yòng tú kě
大象有长长的鼻子，这鼻子的用途可

dà la dà xiàng huì yòng zhè cháng bí zi hū xī hé xiù wèi dào
大啦！大象会用这长鼻子呼吸和嗅味道，

yòng tā lái hē shuǐ bá cǎo zhāi shù yè yòng tā lái pēn shuǐ gěi zì jǐ xǐ zǎo yòng
用它来喝水、拔草、摘树叶，用它来喷水给自己洗澡，用

tā bào qǐ kě ài de xiǎo xiàng bǎo bao bǎ tā men dài huí jiā yòng tā bān yùn wù pǐn
它抱起可爱的小象宝宝把它们带回家，用它搬运物品，

zài zhàn dòu shí yòng tā duì dí rén jìn xíng gōng jī yòng tā jiāo liú gǎn qíng chuán sòng xìn
在战斗时用它对敌人进行攻击，用它交流感情、传送信

xī jīng guò xùn liàn de dà xiàng shèn zhì néng yòng bí zi chuī kǒu qín yuán lái dà
息。经过训练的大象，甚至能用鼻子吹口琴。原来，大

大象妈妈用鼻子爱抚自己的宝宝。

大象用鼻子拔草。

大象用鼻子把食物送入口中。

智慧 小考官

大象用鼻子吸水为什么不会呛着？

大象用鼻子呼吸，也用它吸水喝，却不会呛着，这是为什么呢？原来，大象鼻腔后面食道上方有一块软骨，当大象用鼻子吸水时，软骨就会把气管口盖起来，这样，水就不会进到大象的肺里，大象也就不会呛到了。

大象虽然身躯庞大，但性格很温驯。

象的长鼻子是由近 4 万块富有弹性的小肌肉组成的，所以它能极灵活地伸缩，做出各种灵巧的动作。

大象的长鼻子有很多种用途。

笨重的大象还会游泳呢！

luò tuo wèi shén me néng nài kě
骆驼为什么能耐渴?

luò tuo jiù xiàng shā mò zhōng de yì zhī zhī xiǎo chuán zài zhe
骆驼就像沙漠中的一只只小船,载着

rén hé huò wù suǒ yǐ bèi rén men xíng xiàng de chēng wéi shā mò
人和货物,所以,被人们形象地称为"沙漠

zhī zhōu zài yán rè ér yòu gān hàn de è liè huán jìng zhōng wèi
之舟"。在炎热而又干旱的恶劣环境中,为

shén me luò tuo néng shēng huó de zì yóu zì zài ne yuán lái luò tuo
什么骆驼能生活得自由自在呢?原来,骆驼

shì fáng shǔ kàng hàn de gāo shǒu tā de shēn shang yǒu yì céng hòu hòu
是防暑抗旱的高手,它的身上有一层厚厚

骆驼可供人们骑乘。

de pí máo jiù xiàng máo zhān yí yàng néng dǐ kàng tài yáng
的皮毛,就像毛毡一样能抵抗太阳

de bào shài yáng guāng zài dú là yě bú huì bǎ tā
的暴晒,阳光再毒辣也不会把它

shài shāng lìng wài luò tuo hái yǒu tuó fēng kě
晒伤。另外,骆驼还有驼峰可

骆驼特别耐旱,所以可以生活在干旱的沙漠中。

骆驼被称为"沙漠之舟"。

骆驼

yǐ zhù cún yíng yǎng hé shuǐ fèn　tā yì bān bù chū
以贮存营养和水分，它一般不出

hàn　ér qiě yì fēn zhōng zhǐ hū xī　cì　suǒ
汗，而且一分钟只呼吸16次，所

yǐ bú huì xiāo hào tài duō de shuǐ fèn　yīn cǐ　luò
以不会消耗太多的水分。因此，骆

tuo néng nài kě kàng shài chéng wéi shā
驼能耐渴抗晒，成为沙

mò zhōng de yīng xióng
漠中的英雄。

骆驼的头部

智慧 小考官

骆驼的驼峰有什么用？

　　骆驼的驼峰就像仓库，里面贮藏着大量的脂肪。当骆驼在沙漠中进行长途旅行时，驼峰里的脂肪就会分解，变成有用的营养和水分。

骆驼全身都披着厚厚的毛。

对生活在沙漠边缘的人来说，骆驼是最好的伙伴。

95 >

马为什么站着睡觉？

我们知道牛和羊都是躺着睡觉的，可马却是站着睡觉，它们不觉得这种睡姿很累吗？原来，马的祖先是野马，生活

马的寿命一般为20年，最长可达30年。

在辽阔的大草原上，常常受到猛兽的袭击。野马没有尖利的武器，无法和猛兽搏斗，所以必须每时每刻保持高度警惕。野马的感觉器官很发达，眼睛很大并且位置很高，脖子比较长，视野比较宽阔，它们站着睡觉有利于

奔跑的马

马经过训练可以进行马术表演。

历史上的马

No.1 中马

No.2 副马

No.3 草原古马

No.4 三趾马

马一般站着睡觉。

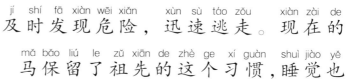

及时发现危险，迅速逃走。现在的马保留了祖先的这个习惯，睡觉也总是站着。

智慧 小考官

为什么马走起路来会"咯嗒"响？

马每天都要走很多路，马蹄下面的肌肉很容易磨损，所以人们便在马蹄上钉了铁掌，把马蹄保护起来。这样当马走路时，铁蹄就会和地面相碰，发出"咯嗒、咯嗒"的声音。

马蹄上一般钉有铁掌。

为什么狼眼在夜间会发光？

深夜里，在空旷的草原上，人们常常会听到一阵阵狼嚎，并看到远处一对对绿色的光点，看起来就好像一颗颗碧绿的宝石。其实，那是狼

狼是一种很团结的动物。

的眼睛发出的光亮。狼的眼睛为什么会发出莹莹的绿光呢？原来，在狼的眼球底部有许多特殊的晶点，这些晶点具有很强的反射光线

狼的眼睛在夜间会聚集弱光。

两只狼在雪地里奔跑、嬉戏。

智慧 小考官

狼为什么喜欢在晚上嚎叫?

深夜里,狼群会发出一阵阵的嚎叫声,听起来很可怕。其实嚎叫是狼群用来交流信息的一种方式。当狼群准备外出时,先要通过嚎叫传递信息,邀约同伴。在繁殖期间,它们还通过嚎叫来寻找配偶。

的能力。当狼在夜间出来活动时,这些晶点就能将很多极微弱、分散的光聚集起来,然后再成束地反射出去,这样,狼的眼睛看起来就闪闪发光了。

真想捉一只狼研究研究。

狼总是在夜间成群地去追捕猎物。

为什么大熊猫那么珍贵？
wèi shén me dà xióng māo nà me zhēn guì

大熊猫有着圆滚滚的体形、温驯的性
dà xióng māo yǒu zhe yuán gǔn gǔn de tǐ xíng wēn xùn de xìng

格以及憨态可掬的行为举止，真是人见
gé yǐ jí hān tài kě jū de xíng wéi jǔ zhǐ zhēn shì rén jiàn

人爱。世界上大熊猫的数量是很有限
rén ài shì jiè shang dà xióng māo de shù liàng shì hěn yǒu xiàn

的，目前，野生大熊猫仅存不到2000只，
de mù qián yě shēng dà xióng māo jǐn cún bú dào zhī

刚刚出生的熊猫幼仔

可爱的大熊猫

我们大家都要
关心大熊猫。

100

zhǔ yào fēn bù zài zhōng guó sì
主要分布在中国四

chuān shěng hé shǎn xī shěng dà
川省和陕西省。大

xióng māo zhī suǒ yǐ rú cǐ xī shǎo
熊猫之所以如此稀少，

shì yīn wèi tā men chéng shú de
是因为它们成熟得

现存大熊猫的数量很少。

bǐ jiào wǎn duì pèi ǒu de xuǎn zé tiáo jiàn yòu hěn kē kè ér qiě
比较晚，对配偶的选择条件又很苛刻，而且

tā men chǎn de zǎi hěn shǎo chéng huó lǜ yě bù gāo bìng qiě mù
它们产的仔很少，成活率也不高。并且，目

qián shì hé dà xióng māo shēng huó de dì fang yě yuè lái yuè shǎo suǒ yǐ
前适合大熊猫生活的地方也越来越少，所以

憨态可掬的大熊
猫也会爬树。

dà xióng māo jiā zú miàn lín zhe yán zhòng de shēng cún wēi jī
大熊猫家族面临着严重的生存危机。

大熊猫被称为"活化石"。

智慧 小考官

大熊猫为什么被称为
"活化石"？

大熊猫是一种十分古老的动物，在距今100多万年前就已经存在了，而且大熊猫是世界上最珍贵的濒危动物之一，现存数量已经很少，所以被称为"活化石"。

老虎的身上为什么有条纹？
lǎo hǔ de shēn shang wèi shén me yǒu tiáo wén

老虎的身上长着一条条花纹，看上去很漂亮。老虎为什么要长这些条纹，是不是为了臭美啊？事实可不是这样。老虎是为了掩护自己，才穿上了这一身"迷彩服"。

东北虎

原来，老虎一般习惯在黄昏的时候捕猎，它皮毛上的那些条纹在夕阳下会和周围植物的颜色混杂在一起，不容易被它的猎物发现。而当

老虎身上的条纹会起到掩护的作用。

老虎会出其不意地扑向猎物。

xiǎo lù yě niú yě zhū děng chuǎng rù lǎo hǔ de dì pán bìng
小鹿、野牛、野猪等闯入老虎的地盘，并

zài shuǐ biān hē shuǐ huò zài shù lín li chī cǎo shí lǎo hǔ
在水边喝水或在树林里吃草时，老虎

jiù kě yǐ tū rán xí jī bǎ liè wù dǎi gè zhèng zháo
就可以突然袭击，把猎物逮个正着。

孟加拉虎

老虎喜欢在水中嬉戏玩耍。

通过摩擦，把气味留在树上，这是老虎占领地盘的方法之一。

智慧 小考官

老虎是怎样占地盘的?

在老虎出没的丛林里，有时会在树干上发现老虎的爪印，这就是老虎为了占领地盘而做的记号。另外，老虎还会在此留下尿液或粪便，告诉同类这块地方已经被它占领了。

为什么说猫有"九条命"?

猫从很高的地方跳下来都不会摔死,所以人们说猫有"九条命",也就是说猫的命特别大。其实猫并不是"命大",而是特殊的身体结构才使它有这样的本领。当猫从高处跳下时,眼睛会很快地判断出地面的状况,找好落脚点;尾巴可以帮助身体在空中保持平衡;脚底厚厚的

白天,猫的瞳孔会缩成一条线。

晚上,猫的瞳孔张得很大。

猫可以帮助人们消灭可恶的老鼠。

可恶的老鼠又来偷粮食啦!

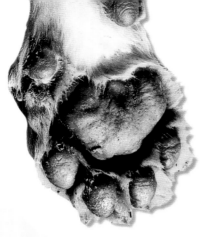

猫的脚底长着厚厚的肉垫。

ròu diàn kě yǐ zài luò dì shí qǐ dào huǎn chōng zuò yòng　jiǎn
肉 垫 可 以 在 落 地 时 起 到 缓 冲 作 用 , 减

shǎo zhèn dàng 　 yǒu le zhè xiē yǒu lì de tiáo jiàn 　 māo
少 震 荡 。 有 了 这 些 有 利 的 条 件 , 猫

jiù kě yǐ qīng yíng de fēi yán zǒu bì qù bǔ zhuō lǎo shǔ
就 可 以 轻 盈 地 飞 檐 走 壁 去 捕 捉 老 鼠 ,

chéng wéi lái qù zì rú de 　 xiá kè 　 le
成 为 来 去 自 如 的 "侠 客" 了 。

猫是人类的宠物。

猫从高处跳下来
也不会摔坏。

猫的胡子可是
很有用的。

智慧 小考官

猫的胡子有什么用处?

　　猫的胡子可有用了！猫在捉老鼠时,会用胡子来测量洞口的大小；如果胡子碰到洞口边,就说明洞口太小,会卡住身体；反之,猫就可以放心进洞进行追击。

cháng jǐng lù de bó zi wèi shén me zhè me cháng
长颈鹿的脖子为什么这么长？

dòng wù shì jiè li yǒu yí gè gāo gè zi   tā tái tóu jiù néng chī dào shù shang de
动物世界里有一个高个子，它抬头就能吃到树上的

yè zi tā jiù shì dà míng dǐng dǐng de cháng jǐng lù   cháng jǐng lù shēng huó zài fēi zhōu sā
叶子，它就是大名鼎鼎的长颈鹿。长颈鹿生活在非洲撒

hā lā shā mò yǐ nán de cǎo yuán hé sēn
哈拉沙漠以南的草原和森

lín biān yuán dì dài   cháng jǐng lù gè zi
林边缘地带。长颈鹿个子

gāo zhǔ yào shì yīn wèi bó zi cháng   tā men
高主要是因为脖子长，它们

de bó zi yì bān yǒu   mǐ duō cháng   qí
的脖子一般有2米多长。其

shí cháng jǐng lù zǔ xiān de bó zi bìng méi
实长颈鹿祖先的脖子并没

长颈鹿

智慧 小考官
长颈鹿的长脖子有什么
弊端？

因为脖子太长，肺部的气流传到声带时，已经无法发出声音了。所以，长颈鹿不能像其他动物一样畅快地鸣叫。

有这么长。后来由于生存环境发生了变化，地面上的青草越来越稀少，为了生存，长颈鹿只好去吃大树上的叶子。于是，长颈鹿每天都使劲抻着脖子够树叶，久而久之，它们的脖子就越长越长了。经过历代遗传，今天的长颈鹿就长着长长的脖子了。

长颈鹿身上长有花纹。

原来长颈鹿以前脖子也不长啊。

长颈鹿生活在草原和森林边缘地带。

驴为什么喜欢在地上打滚？
lú wèi shén me xǐ huan zài dì shang dǎ gǔn

长着长长耳朵的驴可是人类的
zhǎng zhe cháng cháng ěr duo de lú kě shì rén lèi de

好帮手，它可以被用来驮货、耕
hǎo bāng shou tā kě yǐ bèi yòng lái tuó huò gēng

地以及骑乘。每次干完活后，
dì yǐ jí qí chéng měi cì gàn wán huó hòu

驴总是喜欢在地上打
lú zǒng shì xǐ huan zài dì shang dǎ

几个滚，然后再舒舒
jǐ gè gǔn rán hòu zài shū shu

服服地吃点儿草，喝
fū fū de chī diǎnr cǎo hē

点儿水。大家知道驴
diǎnr shuǐ dà jiā zhī dào lú

为什么要在地上滚来滚
wèi shén me yào zài dì shang gǔn lái gǔn

去吗？其实，驴打滚是在
qù ma qí shí lú dǎ gǔn shì zài

驴在地上打滚
是在洗澡。

智慧 小考官

为什么北京的名小吃豆面糕
又被称为"驴打滚"？

其实这只是一种形象的比喻，
面糕做好以后会放在黄豆面中滚
一下，就像驴打滚时扬起灰尘似
的，所以得了这么个名字。

我爷爷家就有
一头毛驴。

驴群在草地上吃草。

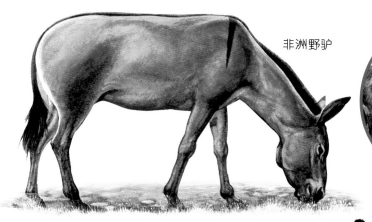

非洲野驴

驴是人们生活中的好帮手。

毛驴

xǐ zǎo　　yǒu xiē rén yí dìng huì qí
洗澡。有些人一定会奇

guài de wèn　　nà bú shì yuè xǐ yuè
怪地问：那不是越洗越

zāng ma　　qí shí　　lǘ yǒu yí tào dú tè
脏吗？其实，驴有一套独特

de qīng jié hé xiū xi fāng fǎ　　zài dì shang
的清洁和休息方法，在地上

gǔn　　bú dàn kě yǐ gǔn diào pí máo li de
滚，不但可以滚掉皮毛里的

chóng zi　　hái néng cèng yǎng　　tóng shí　　lǘ hái
虫子，还能蹭痒。同时，驴还

kě yǐ tōng guò dǎ gǔn jiě chú pí láo　　huī fù yí xià
可以通过打滚解除疲劳，恢复一下

tǐ lì　　jiù xiāng dāng yú rén xǐ zǎo le
体力，就相当于人洗澡了。

什么动物不喝水也能活?

有一种动物非常懒惰,它多数时间待在树上,就连睡觉也不会下来,而且它几乎从来不喝水,它就是澳大利亚有名的树袋熊。树袋熊也叫"考拉",意思就是"不想喝水"。为什么不喝水,树袋熊也能活呢?原来,树袋熊最爱的食物是桉树叶。它喜欢爬到桉树上,挂在上面一动不动,饿了就吃一些桉树叶。桉树叶

可爱的树袋熊

116 >

lǐ yǒu hěn duō shuǐ fèn　　shù dài xióng měi
里有很多水分，树袋熊每

tiān chī dà liàng de shù yè　　jiù néng
天吃大量的树叶，就能

dé dào zú gòu de shuǐ fèn　　suǒ yǐ tā
得到足够的水分，所以它

men jiù méi yǒu bì yào pǎo dào hé biān qù
们就没有必要跑到河边去

hē shuǐ le　　shù dài xióng bù jǐn bú ài
喝水了。树袋熊不仅不爱

hē shuǐ　ér qiě bú ài yùn dòng　tā de yì
喝水，而且不爱运动，它的一

tiān zhōng dà gài yǒu　　gè xiǎo shí dōu chǔ yú shuì
天中大概有18个小时都处于睡

mián zhuàng tài
眠状态。

树袋熊喜欢爬到桉树上。

我想养一只树袋熊当宠物。

智慧 小考官
树袋熊的身上为什么有一股香味?

　　树袋熊的主要食物是桉树叶，而桉树叶里面有一些能够散发出香气的特殊成分，所以，树袋熊的身上也总是散发着一种淡淡的清香。

树袋熊不仅可爱，身上还有香香的气味呢。

猴子为什么会模仿人的动作?

猴子喜欢吃桃子、香蕉等水果。

猴子不仅长相可爱,而且特别淘气,总是喜欢模仿人的动作,是个不折不扣

玩雪球的猴子

的"模仿家"。这个本领可多亏了它聪明的脑袋!猴子是人类的近亲,在动物的分类上属于灵长目类,它的大脑进化程度和人类相近。所以,猴子的记忆力、思维能力以及身体协调能力都很强,可以做出复杂的动作。此

这只小猴正在给大猴挠痒痒。

外，猴子的后肢比前肢长，能够直立行走；五指之中的拇指比其他四指长，能够抓握东西。这些也都为它模仿人的动作提供了有利的条件。猴子喜欢模仿人的特征也使得它成为马戏团的主要演员，我们常常能在马戏表演中看到它们可爱搞笑的形象。

猴子善于爬树。

小猴依偎在猴妈妈的怀里。

动物园里的猴子好可爱呀！

智慧 小考官

有专门训练猴子的学校吗？

在泰国南部史拉他尼市，有个"猴子学校"。经过这个学校训练出来的猴子，一天可摘约500颗椰子。

创世卓越　荣誉出品
Trust Joy Trust Quality

图书在版编目（CIP）数据

怪怪动物：什么动物不喝水也能活？ / 龚勋主编.
—重庆：重庆出版社，2013.6
（问东问西小百科）
ISBN 978-7-229-06711-3

Ⅰ.①怪… Ⅱ.①龚… Ⅲ.①动物—儿童读物　Ⅳ.
①Q95-49

中国版本图书馆CIP数据核字（2013）第137276号

问东问西小百科

怪怪动物
什么动物不喝水也能活？

总 策 划	邢　涛	邮　编	400016
主　编	龚　勋	网　址	http://www.cqph.com
设计制作	北京创世卓越文化有限公司	电　话	023-68809452
图片提供	全景视觉等	发　行	重庆出版集团图书发行有限公司发行
出 版 人	罗小卫		
责任编辑	郭玉洁　李云伟	经　销	全国新华书店经销
责任校对	刘　艳	印　刷	北京丰富彩艺印刷有限公司
印　制	张晓东	开　本	889mm×1194mm　1/24
出　版	重庆出版集团　重庆出版社 出品 果壳文化传播公司 出品	印　张	5
		字　数	60 千
地　址	重庆长江二路205号	版　次	2013 年 7 月第 1 版
		印　次	2013 年 7 月第 1 次印刷
		书　号	ISBN 978-7-229-06711-3
		定　价	18.00 元